Will
mini-handbuch Emotionen in Teamkonflikten

Für Carla

»Das Leben wird vorwärts gelebt und rückwärts verstanden.«
Sören Kierkegaard

Franz Will

mini-handbuch
Emotionen
in Teamkonflikten

Über den Autor:

FRANZ WILL, Dr. phil., Jg. 1954, studierte Sozialwesen, Supervision und Philosophie. Er arbeitet freiberuflich als Trainer und Supervisor in München.
Homepage: www.franz-will.de

Das Werk einschließlich aller seiner Teile ist urheberrechtlich geschützt. Jede Verwertung ist ohne Zustimmung des Verlags unzulässig. Das gilt insbesondere für Vervielfältigungen, Übersetzungen, Mikroverfilmungen und die Einspeicherung und Verarbeitung in elektronische Systeme.

Dieses Buch ist auch erhältlich als:
ISBN 978-3-407-36718-1 Print
ISBN 978-3-407-25864-9 E-Book (PDF)

1. Auflage 2020

© 2020 Beltz Verlag
in der Verlagsgruppe Beltz · Weinheim Basel
Werderstraße 10, 69469 Weinheim
Alle Rechte vorbehalten

Lektorat: Ingeborg Sachsenmeier
Umschlagillustration: Jonathan Bachmann
Illustrationen: Ian Marsden
Herstellung: Michael Matl
Satz: publish4you, Engelskirchen
Druck und Bindung: Beltz Grafische Betriebe, Bad Langensalza
Printed in Germany

Weitere Informationen zu unseren Autoren und Titeln finden Sie unter:
www.beltz.de

Inhaltsverzeichnis

Vorwort 9

Fragen, Antworten, Quintessenzen (FAQ) 13

Welche Emotionen bestimmen die Teamdynamik? 18

    Die zwei Aufgaben eines Teams 18

    Emotionen im Team: Faszination und Bedrohung 19
    Teamflüchter kontra Teamsucher 19
    Neid – eine widersprüchliche Gefühlshaltung 22

    Distanz oder Nähe – was wollen die Kollegen? 22
    Das »Stachelschwein-Dilemma« 22

    Emotionen: Intuition oder Vorurteil? 25

    Spaß im Job: Lebenssinn entdecken 27

    Angst im Job: Krokodil oder nur Nilpferd? 34

Frauen- und Männerteams im Vergleich 43

»So kann ich hier nicht arbeiten!« 49

    Ursachenanalyse: Liegt es an mir oder an den anderen? 49
    Es liegt am Ich: Die eigenen Fähigkeiten
    und Erwartungen passen nicht zur Arbeitsstelle 50
    Es liegt am Hier: Die Rahmenbedingungen der
    Arbeitsstelle blockieren den Handlungsspielraum
    so stark, dass keine sinnvolle Tätigkeit möglich ist 52

Gesprächsführung: »Kritik ohne Angriff« 55

    Emotionsmanagement: Klarheit und Einfühlung im Kombipack 58

Verstehen heißt nicht akzeptieren! 60

Zwei Dialoge zur Gesprächsführung »Kritik ohne Angriff« 61

»Systemvoraussetzungen« bei »Kritik ohne Angriff« 64

Zusammenfassung: Fünf Schritte von »Kritik ohne Angriff« 65

Teamflüchter: Distanz zum Team – Egotrip statt Teamgeist 67

»Ich habe es doch nicht böse gemeint …« –
Der Rolltreppenblockierer vergisst seine Kollegen 67

»Ich mache das besser allein …« –
Der »Spezialist« ist ein Einzelkämpfer 70

»Nur ich verteidige den Qualitätsstandard!« –
Der »weiße Rabe« braucht Sicherheit 76

»An mir liegt es nicht! Ich erledige meine Arbeit!« –
Der »Minimalist« schiebt eine ruhige Kugel 79

»Unser Team läuft ganz gut, weil wir uns
aus dem Weg gehen« – Team auf Distanz 83

**Teamsucher: Nähe zum Team –
Zu hohe Erwartungen an die Gemeinschaft 87**

»Ich gebe mein Bestes, aber niemand schätzt es!« – Burnout 88

»Ich will doch nur dein Bestes …« –
Ein Team ist kein Familienersatz 91

»Mein Kollege ist ein Wohl-Täter« – Konfliktvermeidung 96

»Ich arbeite für uns und nicht für den!« –
Best-Ager: mit 60 gegen den Formalismus rebellieren 98

»Ich sage immer sofort, was ich denke!« –
Der taktlose/untaktische Mitarbeiter nervt die Leitung 105

Zusammenfassung: Nähe und Distanz im Team 110

Inhaltsverzeichnis

Emotionale Teambremsen 112

Vorsicht vor Pseudo-Emotionen! 112

»Meine Kollegin sagt nie etwas!?« –
Bambi macht mit Schweigen Druck 115

Eigentore vermeiden, neue Strategien finden 121

Tribunale im Team: Um was geht es eigentlich? 121

»Wenn sich hier nichts ändert, dann
kündige ich!« – Zugzwang selbst verursacht 124

»Ich kann mich nicht so schnell wehren« –
Überraschungsangriffe kontern 126

»Ohne Stress kann ich nicht arbeiten!« 128

»Ich bin Opfer und das ist auch gut so!« 132

»Die Arbeit ist nicht zu schaffen!« –
»Schwarzer-Peter«-Spiel statt Problemlösung 138

Leitung und Team 143

Die zwei Managementaufgaben der Leitung:
Emotion und Arbeitsprozess 143

Risiken bei einer Kündigung 144

Leitung und Macht 146

Die Leitungsphilosophie für die gute Kooperation 148

Unerfüllbare Wünsche der Mitarbeiter? 151

»Unser Chef ist eine Null und schätzt uns nicht« –
Emotionale Verwirrung bei Team und Leitung 154

So klären Sie die Arbeitsbeziehungen 160

So klären Sie als Führungskraft die Arbeitsbeziehungen
zu Ihrem Team 162

Leitung – stellvertretende Leitung – Team:
Strategien für komplexe Dreiecksbeziehungen   165

Typische Dreiecksbeziehungen   167
Hier macht die Arbeit allen Spaß   167
Hier läuft die Arbeit so halbwegs   169
Hier wird die Arbeit zum Albtraum   174
Wie kommt man von der Teamkrise zum Neustart?   179

Zusammenfassung: Leitung und Team   181

Mobbing – der emotionale Super-GAU   183

Was tun bei Mobbing?   189

Lage als Gemobbter verbessern   191

Was können Führungskräfte tun?   196

Checkliste für die Teamdiagnose   197

Sind die Arbeitsziele realistisch?   197
Warum werden Ziele häufig nicht erreicht?   198

Risikofaktor Statusunterschiede   201
Klassische Risiken für Ärger im Team sind   201

Fieberthermometer-Pinnwand   204

Wie empfinden die Kollegen den Arbeitsalltag?   206

Nachwort   211

Was niemand gern hört   211

Vorwort

NEUE HERAUSFORDERUNGEN AM ARBEITSPLATZ: In diesem »Mini-Handbuch Emotionen in Teamkonflikten« erhalten Sie in einem »Bottom-up-Verfahren« aus zahlreichen Fallbeispielen Modelle für die Konfliktanalyse und das Emotionsmanagement am Arbeitsplatz.

> BOTTOM-UP-VERFAHREN
>
> Beim »Bottom-up-Verfahren« werden viele einzelne Situationen miteinander verglichen, um aus den Gemeinsamkeiten Leitlinien herauszuschälen. Der Gegensatz dazu wäre ein »Top-down-Verfahren«, bei dem aus Thesen oder Annahmen Handlungsschritte abgeleitet werden sollen. Dieses Gegensatzpaar nennt man wissenschaftstheoretisch auch induktives (»bottom-up«) beziehungsweise deduktives (»top-down«) Vorgehen.

Die beschriebenen Situationen haben meine Supervisanden und ich während meiner über 30-jährigen Supervisionserfahrung erlebt.

ALTE PROBLEME UND NEUE HERAUSFORDERUNGEN: AGILES MANAGEMENT. Ein Team war und ist immer eine ambivalente Angelegenheit: Einerseits möchte man am Arbeitsplatz Wertschätzung erfahren und dazugehören. Andererseits soll die Unabhängigkeit nicht aufgegeben und die Freiheit behalten werden. Daraus ergibt sich die in diesem Buch beschriebene Spannung im Team zwischen den Polen Nähe und Distanz (s. S. 22). Dieses menschliche Grundproblem wird zudem überlagert durch aktuelle Entwicklungen:
- Erstens: Der derzeitige Fachkräftemangel ermöglicht es Arbeitnehmern, sich den passenden Arbeitsplatz nach Neigung auszusuchen. Arbeitgeber müssen deshalb verstärkt Anreize schaffen, wenn sie gute Mitarbeiterinnen an sich binden wollen. Oft nutzt

man dazu Weiterbildungen, Workshops, Firmenevents und Angebote zur Gesundheitsförderung (zum Beispiel Rückenschule, Yoga). Für erziehende Mütter und Väter sucht man individuelle Lösungen, wie zum Beispiel das Homeoffice. Die Arbeit wird dadurch flexibler und interessanter. Für Arbeitnehmerinnen in gesuchten Berufen – diese haben sich in den letzten Jahren ausgeweitet – hat sich die Position gestärkt. In den unterentwickelten Gegenden Deutschlands jedoch, in denen es nur wenige Arbeitsangebote gibt, stehen vor allem ältere Mitarbeiter in einem Abhängigkeitsverhältnis zum Arbeitgeber. Hier scheint es nur wenige Verbesserungen zu geben.

- Zweitens: Da die Marktbedingungen (zum Beispiel durch die von Trump angezettelten Wirtschaftskriege) sich laufend verändern, müssen sich die Mitarbeiter schneller auf neue Gegebenheiten einstellen. Die Unternehmensleitung muss dann Kompetenzen nach unten delegieren und eventuell entstehende Fehler tolerieren – was ihr nicht immer leichtfällt. Freiheit und Druck gehen dann merkwürdige Verbindungen ein. In einer Zeitschrift für Wirtschaftsberater liest sich dann die Empfehlung für Führungskräfte in etwa so: Die Teammitglieder sind zu selbstständigem Handeln anzuhalten. Aber: Anhalten heißt nicht motivieren. Vorsicht: Wie viel Selbstständigkeit ist hier wirklich erwünscht?
- Drittens: Manchmal bekommt man im Mitarbeitergespräch von seinem Chef Vorwürfe zu hören, die einem neu sind. Zum Beispiel: Man würde sich »reaktiv statt proaktiv« verhalten. Früher hätte man zu hören bekommen, man hätte eine »Beamtenmentalität«, sei zu langsam, zu schwerfällig oder einfach nur faul. Heute umschreibt man diese Phänomene mit: »Sie sind nicht bereit die Komfortzone zu verlassen!« Dieser Vorwurf ist meist ungerecht, da man durch betriebsinterne Vorgaben seine enge Zone oft gar nicht verlassen darf. Und komfortabel ist sie sowieso nicht.
- Viertens: Die Formulierung »proaktiv statt reaktiv« ist ein Zeichen dafür, dass agiles Management eingeführt wurde. Agilität

beschreibt die Anpassungsfähigkeit von Organisationen und Personen in Strukturen und Prozesse. Aggressive Wettbewerber, sich verändernde Märkte und diffuse Kundenbedürfnisse erfordern von Mitarbeitern ein proaktives, antizipatives und initiatives Verhalten, um schnell notwendige Anpassungen durchzuführen zu können. Das ist sicherlich richtig. Aber dazu müssen Mitarbeiter befähigt und ermächtigt werden (enabled), um diese Veränderungen auch tatsächlich steuern zu können. Zusammen mit dem Chef sind die Voraussetzungen für proaktives Arbeiten erst zu schaffen! Hier sollten Vorgesetzte in die Pflicht genommen werden, damit nach Fehlern nicht der Schwarze Peter auf die Mitarbeiter abgeschoben werden kann!

- Fünftens: Das agile Management hat seine Wurzeln in der Software-Entwicklung. Es verspricht eine neue »Engineering Culture«. Ziel ist es, ein immer höheres Level (zum Beispiel Marktführerschaft) zu erreichen. Der Begriff Team verschwindet zunehmend und wird ersetzt durch Squad (militärische Einheit), Gilde, Tribe und Chapter. Aus der Dienstbesprechung wird ein »Daily Scrum Meeting«. Positives Denken wird verordnet: My colleagues are awesome! Auf Teamkonflikte sollte man dennoch vorbereitet sein. Denn Neid, Eifersucht und die Rivalität zwischen Teamsuchern und Teamflüchtern wird es immer geben. Sie sind einfach menschlich.
- Sechstens: Paradox klingt die wichtigste These des agilen Managements »Anpassung ermöglicht Selbstentfaltung« – »alignment enables autonomy«. Das könnte in Organisationen funktionieren, in denen eine starke Vision oder Orientierung (alignment) vorgegeben ist. Zum Beispiel bei der Entwicklung neuer Medikamente, bei denen voneinander unabhängige Teams aus unterschiedlichen Disziplinen neue Therapieansätze entwickeln. Apple soll mit vorgegebenen Visionen und Steve Jobs als Visionär das i-Phone entwickelt haben. Aber wie kann zum Beispiel in einer Behörde, in der Regeln, Normen und Standardisierungen

die Selbstentfaltung begrenzen, das agile Management umgesetzt werden? Gibt es nicht einfachere Wege, um die Bürgerzufriedenheit zu steigern?
- Siebtens: Beim agilen Management besteht die Gefahr, dass politisch »links geblinkt«, aber dann doch »rechts überholt« wird. Google kapert beispielsweise den Begriff »Zukunftswerkstatt« von Robert Jungk (1913–1994), um damit seine Trainings zum »agilen Arbeiten« zu etikettieren. Jungk hatte aber im Gegensatz dazu seine kreative Methode als Gegenwehr des Bürgers gegen Großkonzerne – damals waren sie noch kleiner als Google heute – geschaffen. Es steht zu befürchten, dass mit dem Versprechen der Persönlichkeitsentfaltung die Ausnutzung der Ressource Humankapital weiter vorangetrieben wird.

Statt der totalen Hingabe an die Firma ist (Selbst-)Reflexion gefordert: Was will ich? Was wollen die Kolleginnen? Was will meine Firma? Wie funktioniert meine Firma? Wie greifen die Zahnräder dort ineinander? Was bin ich bereit, in meiner Arbeit zu geben?

Supervision, Coaching und Teamtraining kann hier unterstützen. Aus kritischer Distanz lassen sich Chancen und Fallstricke leichter erkennen. Darum geht es in diesem Buch.

Fragen, Antworten, Quintessenzen (FAQ)

? WELCHE ROLLE SPIELEN EMOTIONEN IN TEAMKONFLIKTEN?
Wenn wir unter den Teppich der Sachfragen schauen, spüren wir (auch) bei unseren Mitmenschen Wünsche nach Nähe und/oder Distanz, nach Aufmerksamkeit und Sicherheit. Wenn diese Wünsche nicht befriedigt werden, dann entstehen Unsicherheiten, Kränkungen und Ängste vor Ausgrenzung. Wenn stattdessen die Wünsche zumindest teilweise erfüllt werden, entwickelt sich ein starkes Team.

? WOZU MUSS ICH ETWAS VON EMOTIONEN WISSEN?
Die eigenen Empfindungen beziehungsweise unsere Intuitionen geben uns wichtige Informationen. Sie zeigen uns Chancen und Gefahren auf. Wenn wir auf ihre Hilfe verzichten, dann können wir unseren Teamalltag schlechter steuern. Emotionen sind manchmal belastend, aber zugleich auch die Tür zu Kreativität und Lebendigkeit.

? KANN MAN SCHWIERIGE KOLLEGEN ÜBERHAUPT NOCH VERÄNDERN?
Wir können unsere Mitmenschen nicht therapieren. Aber wenn wir uns geschickter verhalten, dann bringen wir sie automatisch auf andere Wege. Mit der Gesprächsmethode »Kritik ohne Angriff« lassen sich emotionale Konfliktursachen besser analysieren und unproduktive Nebenschlachtfelder vermeiden.

? WIE KANN MAN MIT EMOTIONSMANAGEMENT TEAMKONFLIKTE ENTSCHÄRFEN?
Emotionsmanagement setzt zugleich an zwei Punkten an: Es kombiniert Sachfragen mit Gefühlen. Ziel ist es, mit Einfühlungsvermögen die inneren Beweggründe und Handlungsstrategien eines Mitmenschen zu entdecken, um eine rasche Problemlösung zu erzielen und

ein höheres gegenseitiges Einverständnis zu erreichen. Zugegeben, das ist nicht einfach. Denn dazu müssen Sie kurzfristig aus Ihrer eigenen Betroffenheit herauskommen und die Verhältnisse durch die Brille Ihres Mitmenschen betrachten.

Jeder kann mit etwas Emotionsmanagement dazu beitragen, zeit- und energiefressende Auseinandersetzungen – wo auch immer – zu vermeiden. Fangen Sie doch damit am besten gleich an Ihrem Arbeitsplatz an und nehmen Sie den Sand aus dem Getriebe Ihres Teams.

? MUSS MAN IMMER ALLES VERSTEHEN?

Verstehen ist hier als »nachvollziehen können« gemeint: Wie und warum kam jemand zu einer bestimmten Einstellung oder Handlung? Das Interesse für Verhaltensursachen ist Wertschätzung an der Person des anderen – ohne diese verändern sich Menschen nicht freiwillig. Verstehen bedeutet aber noch lange nicht, dass man die Verhaltensweisen des anderen gut findet! Selbst wenn Sie mit sehr schwierigen Menschen arbeiten sollten, zum Beispiel als Psychologe mit Straftätern, gilt die Regel »Akzeptanz der Person, Ablehnung der Tat«.

? WELCHE VORAUSSETZUNGEN BRAUCHT MAN FÜR EMOTIONSMANAGEMENT?

Man benötigt Interesse an seinen Mitmenschen, Einfühlungsvermögen und Ehrlichkeit. Außerdem sollte man Sachfragen von Emotionen gut unterscheiden können.

? WAS SOLLEN DIE KROKODILE UND NILPFERDE?

Tiervergleiche symbolisieren menschliche Verhaltensweisen. Vermeiden Sie, in jedem schwierigen Menschen gleich Ihren Feind (= Krokodil) zu sehen! Vielleicht ist dieser nur deshalb schwierig, weil er sich Ihnen ungeschickt in den Weg stellt (= Nilpferd), um Aufmerksamkeit und Wertschätzung zu finden.

Fragen, Antworten, Quintessenzen (FAQ)

? WAS IST DENN NEU AM EMOTIONSMANAGEMENT?
Es gibt viele gute Gesprächsmodelle, zum Beispiel von Friedemann Schulz von Thun, Carl Rogers, Marshall Rosenberg, Cornelia Schinzilarz und einigen anderen. Die hier vertretene Variante des Emotionsmanagements mit der Gesprächsführung »Kritik ohne Angriff« bringt gute Ergebnisse bei »emotional instabilen Menschen«, die es »eigentlich gut meinen«, sich aber ungeschickt beziehungsweise anscheinend irrational verhalten. Diese Art der Geschäftsführung ist eine auf den Arbeitsalltag angepasste »Light-Version« der therapeutischen Arbeit mit Patienten. (Ich arbeitete früher als Sozialarbeiter in der Psychiatrie.)

? WAS IST ÜBERHAUPT EIN TEAM?
Ich fasse den Teambegriff sehr weit: Wenn zwei oder mehr Menschen an einem gemeinsamen Projekt kooperativ zusammenarbeiten, ist das ein Team.

? WARUM FUNKTIONIEREN TEAMBEZIEHUNGEN HÄUFIG NICHT?
Den Ehepartner kann man sich aussuchen – und trotzdem gibt es viele Eheprobleme und Scheidungen. Bei Teams sind noch mehr Probleme zu erwarten, da hier die Partnerwahl eingeschränkt ist. Wenn Sie als Vollzeitkraft in ein neues Team einsteigen, müssen Sie mit dem bestehenden »Gesamtarrangement« (zwangsweise?) 40 Stunden die Woche zurechtkommen. Da sind Reibungen vorprogrammiert.

? WARUM WEHREN SICH VIELE KOLLEGEN NUR UNZUREICHEND GEGEN SCHLECHTE ARBEITSBEDINGUNGEN IM TEAM?
Viele Mitarbeiter vermeiden Auseinandersetzungen, da sie sich vor Konflikten fürchten. Es könnte durchaus schlimmer werden (meistens wird es schlimmer, da die Wut doch irgendwann unkontrolliert herausplatzt). Andere arbeiten unzufrieden weiter, da sie sich eine Kündigung finanziell nicht leisten können.

? WARUM SIND UNSERE ARBEITSBESPRECHUNGEN SO NERVTÖTEND?
Frustrierende Sitzungen, Besprechungen oder Meetings zeigen Ihnen an, dass irgendetwas nicht stimmt: Ist der Arbeitsauftrag unklar oder nicht zu erfüllen? Gibt es persönliche Rivalitäten? Glauben Sie Ihren Gefühlen und suchen Sie die Ursachen (»Checkliste für die Teamdiagnose«, s. S. 197).

? WORAN ERKENNE ICH EIN GUTES ARBEITSVERHÄLTNIS?
Wenn man nicht nur ehrliche Feedbacks erhält, sondern auch solche geben darf, dann ist das ein Zeichen von gegenseitiger Akzeptanz und von Vertrauen.

? LOHNT ES SICH DENN ÜBERHAUPT, VIEL ENERGIE IN SEIN ARBEITSVERHÄLTNIS ZU STECKEN?
Ja, denn meistens verbringt man am Arbeitsplatz mehr Zeit als mit der Familie, dem Ehe- oder dem Liebespartner.

? WIE VIEL GEBORGENHEIT KANN EIN TEAM GEBEN?
Vorsicht: Ein Team ist keine Liebes-, sondern eine Zweckgemeinschaft. Trotz vieler netter Worte – letztlich geht es im Team um Erfolg, den Gelderwerb und um die Karriere. Wer mit hohen emotionalen Ansprüchen an seine Teamkollegen herangeht, riskiert Enttäuschungen.

? WIE LANGE DAUERN TEAMVERÄNDERUNGEN?
Manchmal geht es ganz schnell. Wenn ein Team zum Beispiel nur unter einer schlechten Organisation leidet, dann genügen schon ein neuer Arbeitsverteilungsplan, sauber geführte Protokolle und kreative Moderationsmethoden, um rasch Erfolge zu erzielen. Gelegentlich bremsen auch nur Missverständnisse, die schnell ausgeräumt werden können.

Schwieriger wird es, wenn sich mehrere persönliche und strukturelle Faktoren überlagern: Terminkdruck, Animositäten, ungeklärte

Arbeitsaufträge, Werthaltungen, Rivalitäten, unterschiedliche Anerkennungs- und Sicherheitsbedürfnisse. Sie bilden zusammen die »Betriebsanleitung« eines Teams. Erst wenn man das »Handbuch seines Teams« lesen gelernt hat, wird man mit Teamveränderungen Erfolg haben.

? ALS FÜHRUNGSKRAFT HABE ICH NUR WENIG ZEIT. WAS KANN ICH TUN?
Keep it simple: Zeigen Sie Interesse an Ihren Mitarbeitern. Besuchen Sie diese gelegentlich an deren Arbeitsplatz und fragen Sie nach der aktuellen Stimmung. Bieten Sie kleinere Unterstützungen an. Mehr brauchen Sie nicht zu tun. Wenn Sie extrem viel Engagement zeigen würden, dann würde man Sie wahrscheinlich als unliebsamen »Kontrolletti« ausgrenzen.

? WARUM SCHREIBEN SIE VIEL PROBLEMATISCHES ÜBER TEAMS?
Ich berate seit 35 Jahren Teams bei ihrer Arbeit und kann die häufig in der Literatur anzutreffende Teambegeisterung nicht unbedingt teilen. Teammitglieder arbeiten zunächst deshalb zusammen, weil sie Geld verdienen müssen und (hoffentlich) einen gemeinsamen Zweck verfolgen und nicht, weil sie sich so gerne mögen. Wer kritisch an die Arbeit im Team herangeht, ist auf Widerstände besser vorbereitet.

? WAS MACHT EIN SUPERVISOR?
Supervision beschäftigt sich unter anderem mit den Beziehungen der Teammitglieder untereinander. Dabei werden persönliche und institutionelle Hintergründe aufgeklärt. Da der Supervisor außerhalb des Teams und (in der Regel) auch der Arbeitsstelle steht, kann er bei Konflikten wie ein Makler die vorhandenen Veränderungsspielräume ausloten und einen Interessenausgleich begünstigen.

Supervisoren sollten im Berufsverband Deutschen Gesellschaft für Supervision und Coaching e. V. (DGSv) organisiert sein.

Welche Emotionen bestimmen die Teamdynamik?

DIE ZWEI AUFGABEN EINES TEAMS

Grundsätzlich müssen in einem Team, das seinem Namen wert sein will, zwei sich widersprechende Aufgaben gelöst werden: Einerseits soll jedem Teammitglied ausreichend Raum für Emotionen und Kreativität zugestanden werden, andererseits soll sich jeder Kollege dem Gesamtinteresse des Teams zuordnen.

Ein lebendiges Team sollte es gut schaffen, ohne Gleichmacherei mehrere unterschiedliche, emotionale Menschen in einen Arbeitszusammenhang zu bringen. Gemeinschaft und Individuum müssen sich die Waage halten, denn zu viel Teamzwang stört die Einzelleistung und zu viele Egotrips der Teammitglieder blockieren die Zusammenarbeit.

> **WIE PASST DAS INDIVIDUUM INS TEAM?**
>
> Ein lebendiges Team findet sein Gleichgewicht, wenn
> - jedes Teammitglied ungehindert seine eigene **Kreativität** entfalten kann,
> - jedes Teammitglied die **gemeinsamen Teaminteressen** wirklich akzeptiert.
>
> Ein Team wird missbraucht,
> - wenn es zu einem **Sprungbrett für Egotrips** wird: Gemeinschaftliche Ressourcen werden von Einzelnen zum eigenen Vorteil ausgebeutet.
> - oder wenn es zu einer **Sekte** verkommt: Jedes Teammitglied hat sich unkritisch einer dogmatischen Vision unterzuordnen.

EMOTIONEN IM TEAM: FASZINATION UND BEDROHUNG

Mitarbeiter möchten mehr als regelmäßige Gehaltszahlungen. In ihnen stecken auf der einen Seite Wünsche nach Selbstentfaltung, Kreativität, Wertschätzung, Sympathie und Anerkennung, die im Team befriedigt werden wollen. Auf der anderen Seite löst die Arbeit im Team Ängste aus. Klar, man möchte überall dabei sein und wird gern gefragt, aber fürchtet sich vielleicht gleichzeitig davor, von der Arbeit oder den Emotionen im Team »aufgefressen« zu werden. Damit haben wir im Team zwei sich widersprechende Bedürfnisse: Nähe und Distanz.

Da diese Bedürfnisse sich zudem spontan verändern, sind Teamemotionen immer in Bewegung. Das ist so ähnlich wie in einer Ehe oder Partnerschaft. Mal ist es die enge Zweisamkeit, mal die emotionale Trennung, die ersehnt oder unerträglich werden kann. Die Beziehung funktioniert gut, wenn die sich immer wieder verändernden Bedürfnisse befriedigt werden können. Wenn die einen »Nähe« und die anderen »Distanz« fordern, kann diese Ambivalenz ein Team zerreißen. Ungeklärte Wünsche verwirren, vermiesen die Stimmung und führen zu Teamkonflikten.

TEAMFLÜCHTER KONTRA TEAMSUCHER

Grundsätzlich gibt es im Team zwei unterschiedliche Mitarbeitertypen mit unterschiedlichen Bedürfnissen: Teamflüchter und Teamsucher. In der Übersicht auf den folgenden beiden Seiten beschreibe ich die Extreme (dazwischen gibt es viele »Farbschattierungen«).

TEAMFLÜCHTER	TEAMSUCHER
• Sie streben vom Teammittelpunkt weg (zentrifugal). • Zentrifugale Kräfte mobilisieren Mitarbeiter, die das Team polarisieren und/oder sich sehr stark an eigenen Interessen orientieren. • Sie finden Nähe im Team tendenziell lästig, überflüssig oder bedrohlich.	• Sie streben zum Teammittelpunkt hin (zentripetal). • Zentripetale Kräfte mobilisieren Mitarbeiter, die Gemeinsamkeiten des Teams in den Vordergrund zu stellen und Teamkonflikte auszugleichen. • Sie möchten viel von der Gemeinschaft spüren.
EINSAMKEIT KONTRA GRUPPENERLEBNIS	
Teamflüchter fühlen sich in Gruppen meist unwohl und suchen eine gewisse Distanz zum Team. Qualifizierte Teamflüchter flüchten sich gern in ihr »Schneckenhaus« der Sachfragen, wo sie sich sicher fühlen. Sie vermeiden Teamsitzungen – häufig angeblich wegen Arbeitsüberlastung. In Wirklichkeit geht ihnen ihre Freiheit beziehungsweise Ungebundenheit über alles. Auf die Wärme des Teams glauben sie verzichten zu können. Sie sind »sich selbst genug«.	In das Team eintauchen wie in ein wohltemperiertes Bad, kreativ und vertrauensvoll zusammenarbeiten und leben – das ist der Traum der Teamsucher. Sie suchen Nähe im Team, da sie in ihm Geborgenheit und Selbstsicherheit erhalten. Hier finden sie immer jemanden, der zuhört, hilft, berät und bestätigt. Das Team kann so zum entscheidenden Lebensmittelpunkt werden.
TRENNUNG BEZIEHUNGSWEISE VERMISCHUNG VON FREIZEIT UND BERUF	
Bei Betriebsausflügen melden sich Teamflüchter häufig ab oder bestehen darauf, dass sie um 18:00 Uhr beendet sind, da ihnen gemeinsame Freizeitaktivitäten eher lästig sind. Small Talk halten sie für Zeitvergeudung.	Für lockere und bevorzugt unstrukturierte Teamaktivitäten bringen sie ihre Freizeit ein. Oft erzählen sie persönliche Erlebnisse am Arbeitsplatz oder treffen sich privat mit Kollegen. Geburtstage werden gemeinsam gefeiert.

Emotionen im Team: Faszination und Bedrohung

TEAMFLÜCHTER	TEAMSUCHER
AUFSTIEGSCHANCEN	
Selbst fachlich kompetente Teamflüchter erhalten selten Leitungsstellen, da man ihnen wegen ihres Rückzugverhaltens die Teamleitung nicht so richtig zutraut. Teamflüchter fühlen sich deshalb beruflich oft benachteiligt.	Teamsucher sind die geborenen aktiven Netzwerker. Wenn sie zusätzlich in der Firma und bei den Kollegen beliebt sind, dann steigert das die Chancen auf eine Leitungsstelle.
GEGENSEITIGE ABWERTUNGEN	
Vor allem wenn sie ihre Selbstausgrenzung ausdrucksstark begründen, dann polarisieren Teamflüchter ihr Team und werden so ungewollt doch zum Teammittelpunkt: allerdings als »holzstockartige« Problemfälle, die sich nicht anpassen wollen. Dann neigen sie dazu, die Teamsucher (ihre Antipoden) abzuwerten, da sie häufig deren gemeinschaftliches Engagement als »pseudofreundlich-aufgesetzt« oder gar als »einschleimend« missverstehen.	Teamsucher sind enttäuscht, wenn sich Kollegen der Gemeinschaft entziehen. Die selbstgewählte Einsamkeit der Teamflüchter ist ihnen unbegreiflich, manchmal sogar unheimlich. Deren Streben nach Freiheit und Unabhängigkeit missverstehen sie als persönliche Kränkung (»Die wollen mit uns nichts zu tun haben«), als unnötige Angst vor der Gruppe (»Die sind irgendwie gestört«) oder gar als Arbeitsverweigerung. Häufig werten sie die Teamflüchter ab: »Euch fehlt es an Engagement. Ihr seid zu egoistisch.«
WIRKUNG IM TEAM: STÄRKEN UND SCHWÄCHEN	
Teamflüchter sind weder fleißiger noch fauler als Teamsucher, aber sie erbringen ihre Arbeitsleistungen bevorzugt als Einzelkämpfer. Ihre Wirkung kann für das Team positiv oder negativ ausfallen: Da sie etwas außerhalb vom Team stehen, können sie ihm neue kritische Denkanstöße und Struktur geben oder durch ihren Egotrip die Teamkultur zerstören.	Die Wirkung der Teamsucher kann für das Team positiv oder negativ sein. Ihre hohe Kontaktfähigkeit kann einerseits rivalisierende Mitarbeiter versöhnen. Andererseits können zukünftige Entwicklungen mit ihrer gut gemeinten »Harmoniesoße« blockiert werden, wenn zum Beispiel unterschiedliche Sachfragen mit allgemeinen Solidaritätsappellen vernebelt werden.

NEID – EINE WIDERSPRÜCHLICHE GEFÜHLSHALTUNG

Zwischen den Polen »Distanz und Nähe« lassen sich viele andere Gefühle einordnen. So zum Beispiel der »Neid« – leider eine am Arbeitsplatz häufiger anzutreffende Empfindung. Neid ist eine ambivalente Gefühlshaltung:

- Einerseits möchte man so werden oder sein wie der andere – das ist ein Streben nach Nähe.

- Andererseits wertet man den anderen ab (»Ich bin froh, dass ich es nicht nötig habe ...«), weil er Dinge besitzt, die man zwar selbst gern hätte, aber nicht bekommt. Das ist ein Bedürfnis nach Distanz.

DISTANZ ODER NÄHE – WAS WOLLEN DIE KOLLEGEN?

DAS »STACHELSCHWEIN-DILEMMA«

Einige Mitarbeiter schwingen bei den Teamemotionen begeistert mit. Andere können damit wenig anfangen und ziehen sich zurück. Was des einen Freud ist des anderen Leid. Auf der horizontalen Linie zwischen den Polen *Wünsche nach Nähe* und *Wünsche nach Distanz* liegen die meisten Teamemotionen. Hier sind Teammitglieder besonders verletzlich, da sie in diesen Fällen die eigene Persönlichkeit dem/den anderen zeigen. Deshalb entstehen hier sehr viele Kränkungen.

Ein gut funktionierendes Team schafft es, unterschiedliche Nähe- und Distanzbedürfnisse so auszugleichen, dass alle Teammitglieder damit (halbwegs) zufrieden sind. Diese Bedürfnisabstimmung nennt man das »Stachelschwein-Dilemma«: Eine frierende Herde Stachelschweine sucht Nähe, um sich zu wärmen. Deshalb rücken alle Tiere möglichst nah aneinander. Doch je näher sie aufeinanderstoßen, umso mehr verletzen sie sich gegenseitig mit ihren Stacheln. Um keine Schmerzen zu spüren, gehen sie daraufhin wieder etwas auseinander. Sie verändern so lange ihre Position, bis sie ein Maximum an Wärme bei möglichst wenig Schmerzen verspüren.

> **DAS STACHELSCHWEIN-DILEMMA**
>
> Der Vergleich mit den sich wärmenden und zugleich sich abstoßenden Stachelschweinen stammt von Arthur Schopenhauer (1788–1860): »So treibt das Bedürfnis der Gesellschaft, aus der Leere und Monotonie des eigenen Innern entsprungen, die Menschen zueinander; aber ihre vielen widerwärtigen Eigenschaften und unerträglichen Fehler stoßen sie wieder voneinander ab. Die mittlere Entfernung, die sie endlich herausfinden, und bei welcher ein Beisammensein bestehen kann, ist die Höflichkeit und feine Sitte« (Schopenhauer, Parerga und Paralipomena, § 413).
>
> Das »Stachelschwein-Dilemma« führt hier also sogar zur Kulturbildung. Schopenhauer selbst war aber ein lupenreiner Teamflüchter: »Wer jedoch viel eigene, innere Wärme hat, bleibt lieber der Gesellschaft weg, um keine Beschwerde zu geben, noch zu empfangen« (ebd.).

Ähnlich ist die Situation in einem Team: Mitarbeiter suchen Wärme (= Nähe) in Form von persönlichem Austausch, Interesse, Sympathie und Aufmerksamkeit. Gleichzeitig fürchten sie sich vor zu viel Nähe, da sie sich dadurch persönlich verletzlicher empfinden. Um schmerzende Berührungen zu vermeiden, distanzieren sie sich von der Teamgemeinschaft. Sie setzen dann ein »Pokerface« auf und verbergen zum Beispiel ihre Gefühle und Einschätzungen über Kollegen und Vorgesetzte.

Leider sind die Menschen den Stachelschweinen in einem Punkt unterlegen. Letztere empfinden Wärme und Schmerz ähnlich. Sie finden bald die Position, die für alle am angenehmsten ist. Bei Menschen hingegen sind die Wünsche nach Nähe und Distanz individuell verschieden. Was sich für den einen angenehm warm anfühlt, ist für den anderen eine unerträgliche Höllenhitze. Menschen brauchen deshalb viel länger, bis sich die persönlichen Bedürfnisse zueinander eingependelt haben. Und die nächste Arbeitsstrukturveränderung – seien es neue Schwerpunkte, aktuelle Kundenwünsche oder veränderte Arbeitszeiten – bringt das sorgsam aufgebaute Beziehungsgeflecht wieder durcheinander und fordert einen neuen Bedürfnisausgleich. Im Team sind deshalb die Emotionen ständig in Bewegung.

Grundsätzlich verdienen beide – Teamflüchter und Teamsucher – Wertschätzung. Beide können Teams bereichern, wenn sie ihre jeweiligen Bedürfnisse erkennen und auf die Arbeitserfordernisse Rücksicht nehmen (siehe folgende Situationen).

TEAMFLÜCHTER	TEAMSUCHER
• »Ich habe es doch nicht böse gemeint …« – Der Rolltreppenblockierer vergisst seine Kollegen (s. S. 67) • »Ich mache das besser allein …« – Der »Spezialist« ist ein Einzelkämpfer (s. S. 70) • »Nur ich verteidige den Qualitätsstandard!« – Der »weiße Rabe« braucht Sicherheit (s. S. 76) • »An mir liegt es nicht! Ich erledige meine Arbeit!« – Der »Minimalist« schiebt eine ruhige Kugel (s. S. 79) • »Unser Team läuft ganz gut, weil wir uns aus dem Weg gehen« – Team auf Distanz (s. S. 83)	• »Ich gebe mein Bestes, aber niemand schätzt es!« – Der Job ist das Wichtigste im Leben (s. S. 88) • »Ich will doch nur dein Bestes …« – Ein Team ist kein Familienersatz (s. S. 91) • »Mein Kollege ist ein Wohl-Täter« – Konfliktvermeidung (s. S. 96) • »Ich arbeite für uns und nicht für den!« – Best-Ager: Mit 60 Jahren in der Schule rebellieren (s. S. 98) • »Ich sage immer sofort, was ich denke!« – Der taktlose/untaktische Mitarbeiter nervt die Leitung (s. S. 105)

> **ANSATZPUNKTE FÜR TEAMTRAINERINNEN UND -TRAINER:**
> **LACKMUSTEST FÜR TEAMSUCHER UND TEAMFLÜCHTER**
>
> Bei Konflikten um Sachfragen steckt oft die Rivalität zwischen Teamsuchern und Teamflüchtern dahinter. Aber welche Mitarbeiter sind welchen Lagern zuzuordnen und wer ist im Mittelfeld?
> Tipp: Fragen Sie nach den letzten Firmenevents. Wer hat an Weihnachtsfeiern, Jubiläen und Betriebsausflügen gern teilgenommen? So können Sie die individuellen Positionen herausfinden.
> Wer gemeinschaftlichen Aktivitäten immer aus dem Weg geht, ist tendenziell ein Teamflüchter. Wer sie annimmt und fördert, der ist tendenziell ein Teamsucher.
> Die Teamdynamik entschlüsselt sich auch mit der Frage: »Unter welchen Bedingungen würden Sie Ihren Geburtstag in der Firma feiern?«

EMOTIONEN: INTUITION ODER VORURTEIL?

Man kann Emotionen spüren, man kann sie beschreiben – aber man kann sie nur schwer erklären. »Da ist so ein Gefühl …«. Da man sich nicht dem Vorwurf aussetzen möchte, Vorurteile mit sich herumzuschleppen, wagt man seine Gefühle meist nur in intimer Runde zu benennen – wenn überhaupt. Deshalb sind Emotionen am Arbeitsplatz selten direkt anzutreffen, sondern kämpfen stattdessen auf unbewussten Nebenschauplätzen.

Dabei ist ein Leben ohne Vorurteile schwer vorstellbar. Vorurteile steuern uns dabei, wenn wir uns überlegen, ob wir eine heikle Information weitergeben oder nicht. Wer sagt uns denn, ob der Kollege vertrauenswürdig ist? Antwort: nur das Vorurteil, das aus wenigen Wahrnehmungen ein vorläufiges Puzzle zusammensetzt und uns mitteilt »Habe Vertrauen, diese Person ist loyal« oder »Halte dich auf jeden Fall zurück, denn dein Vertrauen kann missbraucht werden!«.

Der erste Eindruck zählt: Unsere Gefühle erfassen mehr oder minder unbewusst die Codes, die uns Verhaltenssicherheit verschaffen. Schnelle Urteile helfen uns deshalb bei der Orientierung.

Sie haben keine Vorurteile? Dann machen Sie doch folgenden Test.

> **TEST: HABEN SIE VORURTEILE?**
>
> Stellen Sie sich bitte vor, sie sind allein an einen Strand gefahren und möchten nach einer Weile zum Baden ins Wasser gehen. Sie packen Geldbeutel, Schlüssel und Smartphone in Ihre Tasche und bitten Ihren Nachbarn kurz auf Ihre Wertsachen aufzupassen. Wen fragen Sie?
> - Erstens: Die beiden Punks mit der Bierflasche in der Hand, die links von Ihnen sitzen?
> - Oder zweitens das ältere Ehepaar, das rechts neben Ihnen für das Enkelkind gerade den Wasserball aufbläst?

Und? Wie lautet Ihre Entscheidung? Warum geben Sie die Wertsachen nicht den Punks? »Okay, da ist da so ein Bauchgefühl.« Wir haben unsere Vorurteile oder sagen wir es positiver: unsere Intuition. Diese steuert schnell und effektiv unsere Handlungen.

Privat oder am Arbeitsplatz: Es ist richtig, der eigenen Intuition zu vertrauen, denn sie ist das Konzentrat unserer Lebenserfahrung. Sie ermöglicht unser Handeln. So spontan Vorurteile oder Intuitionen entstehen – meistens liegen sie durchaus richtig. Allerdings ergänzt sich mit der Zeit der erste Eindruck, den man zum Beispiel über einen Kollegen gewonnen hat, wenn weitere Eindrücke hinzukommen.

> **BEISPIEL: DER ERSTE BLICK IST ERGÄNZUNGSBEDÜRFTIG**
>
> Auf den ersten Blick wirkt der neue Kollege etwas miesepetrig und anklagend. Ist das dann ein gefährlicher Zeitgenosse, der auf kleineren Arbeitsfehlern gnadenlos herumhackt? Möglich, dass sich dieses Vorurteil bestätigt. Es kann aber auch sein, dass man bei seinem Kollegen nach einiger Zeit Überforderung und Hilflosigkeit entdeckt. Dann ist die verbreitete schlechte Laune ein (unbewusster) Selbstschutz, mit deren Hilfe er hofft, in Ruhe gelassen zu werden, um von eigenen Fehlern abzulenken.
> Der neue Kollege wird dann als »unglücklich«, aber nicht mehr als bedrohlich wahrgenommen. Die Arbeitsbeziehung kann sich nun neu entfalten. Der ursprünglich schwierige Kollege kann sogar zum dankbaren Mitmenschen werden, wenn man sich mit ihm kollegial über gemeinsam zu erledigende Arbeiten unterhält. Man muss dazu nur die eigene Haltung verändern.

Vorurteile sind nur dann hilfreich, wenn man bereit ist, den ersten Eindruck durch neue Eindrücke ergänzen zu lassen. Problematisch sind Mitmenschen, die sagen, dass sie keine Vorurteile hätten. Aber das ist natürlich auch wieder ein Vorurteil.

SPASS IM JOB: LEBENSSINN ENTDECKEN

LEBENSPHILOSOPHIE SCHAFFT ARBEITSFRUST ODER -LUST: Noch vor 60 Jahren waren Bankangestellte tagelang mit der mechanisch-nervtötenden Berechnung von Sparbuchzinsen beschäftigt. Seitdem erleichtern Software und Technik den Arbeitsalltag. Der Fachkräftemangel zwingt außerdem viele Arbeitgeber dazu, bessere Arbeitsbedingungen zu schaffen. Tendenziell ist heute die Arbeit vielseitiger und kreativer als früher. Aber möchte jeder kreativ sein? Mancher fühlt sich mit klaren, übersichtlichen Vorgaben wohler und würde Verhaltenssicherheit niemals gegen Entscheidungsspielräume eintauschen. Lieber übersichtliche Regeln anstelle einer selbstbestimmten Freiheit. Letztendlich bestimmt die eigene Lebensphilosophie, wie Arbeit empfunden wird. Diese ist von unbewussten Einstellungen geprägt, die schon seit der Kindheit angelegt sind. Da gibt es auf der einen Seite den »happy Workaholic«, für den selbstbestimmte Arbeit einem Abenteuerurlaub gleichkommt. Auf der anderen Seite wird jemand, der entsprechend seiner Familientradition Arbeit nur als »Maloche«, Fronarbeit oder nicht zu vermeidendes Übel zum Gelderwerb verstehen kann, selbst bei einer guten Arbeitsstelle nicht glücklich werden und die einzelnen Minuten bis zum Feierabend zählen.

Vielleicht hängt die Abwertung der Arbeit mit der deutschen Kultur zusammen, die seit Jahrhunderten immer noch in uns steckt. Pünktlichkeit und Pflichterfüllung wurden so sehr zum zwanghaften Selbstzweck, dass die Arbeitslust dagegen nur schwer aufkommt. Arbeit wird häufig als bloße Ablenkung ohne eigenen Sinn verstanden: »Wer arbeitet, kommt auf keine dummen Gedanken«. Arbeit soll nur etwas anderes (Schöneres?) blockieren und wird zur Spaßbremse.

IRRWEG WORK-LIFE-BALANCE: Sehr unglücklich gewählt ist der Begriff Work-Life-Balance. In der Regel wird er als anzustrebender Ausgleich zwischen Arbeit und Freizeit verstanden. Aber genau genommen setzt dieser Begriff einen klaren Gegensatz zwischen »Work« und »Life«, Arbeit und Leben. Als ob während der Arbeitszeit nicht gelebt würde!

Das Gegenteil vom Leben ist der Tod (Life-Death-Balance). Damit sollte die Arbeit nichts zu tun haben. Die Work-Life-Balance ist so populär, weil Reiseveranstalter und die Wellness-Industrie sich auf diesen Begriff gestürzt haben. Den von Arbeit angeblich Gequälten soll von Freitagabend bis Sonntagnachmittag im Luxushotel bei Candle-Light-Dinner, Saunalandschaft und Massagen neues Leben ermöglicht werden. Von Montag bis Freitagmittag wird dann wieder gearbeitet, um das Hotel bezahlen zu können. Gegen Entspannung ist nichts einzuwenden, gegen die Abwertung der Arbeit aber schon. Dieses Schwarz-Weiß-Denken mit dem Warten auf den Feierabend und den Urlaub bringt viel Frust und Lähmung in Teams, sodass der Spaß an der Arbeit verloren geht.

So gesehen führt die Work-Life-Balance in die Passivität. Wer seine Arbeitszeit nicht als Lebenszeit versteht, wird auch mit seiner Freizeit nicht klarkommen. Man will dann einfach nur raus aus der Arbeitswelt, ohne eine klare Idee über neue Ziele zu haben. Einfach weg, egal wohin. Das Reisebüro »weg.de« hat sich auf diese Zielgruppe spezialisiert. Auf den Werbeplakaten gibt es Strand, Sonne und eine Palme. Mehr nicht. Wer auf einer unbefriedigenden Arbeitsstelle sitzt, sollte seine Situation verändern: »Change it or leave it« und nicht auf seine Freizeit warten.

Zur Abwertung der Arbeit gehört als Gegenpart die Idealisierung der Freizeit. Wenn schon durch den Beruf viel Lebenszeit »vergeudet« wird, so sollte dann das Familienleben volles Glück und Zufriedenheit bringen! Dieser Wunsch ist verständlich – aber damit wird der private Bereich so sehr mit Erwartungen überladen, dass Enttäuschungen vorprogrammiert sind. Hohe Scheidungsraten sind dafür ein Beleg. Es gibt Führungskräfte, die sich lieber am Arbeitsplatz aufhalten als in der Familienrunde. Die Arbeit gibt ihnen einen hohen Status, ein dickes Budget, Macht, ein funktionierendes Sekretariat, soziale Kontakte, Dienstreisen, Arbeitsessen und Wertschätzung. Nicht immer will/kann die Familie da mithalten.

AUF DER SUCHE NACH DEM SINN DES LEBENS: Was ist ein gutes Leben? Was ist Tugend? Was Gerechtigkeit? Mit diesen Fragen beschäftigt sich die europäische Philosophie seit mindestens 2400 Jahren. Unter den Stichworten »Ethik« und »Lebenskunst« werden die Voraussetzungen für gemeinsames Leben und Arbeiten erörtert. Das sind die Grundlagen für Teamarbeit und Politik.

In der Antike diskutierte man im Symposion. Das war eine lockere Diskussionsrunde mit Freunden und Bekannten, bei der es Essen und Trinken gab: Zusammenarbeit sollte fröhlich und genussvoll sein. Sokrates (469 bis 399 v. Chr.) entwickelte im Dialog mit den Sophisten die Grundprinzipien des menschlichen Zusammenlebens: Wie müssen wir uns verhalten, damit eine Gemeinschaft (Polis, Team) funktioniert? Was ist Glück und was ist Unglück? Man suchte persönliche und situationsgebundene Lösungen. In der Antike vermied man eine konkrete Festlegung von »richtig« und »falsch«. Sokrates entwickelte methodisch die Hebammenkunst (Mäeutik), mit der man, wie eine Hebamme, den guten Gedanken aus dem dunklen Leib an das Licht ziehen könne. Die von Platon herausgegebenen sokratischen Dialoge (zum Beispiel Symposion) sind die Grundlage unserer abendländischen Kultur.

Das Dialogprinzip bedeutete nicht nur nette Harmonie, sondern konnte durchaus in einen heftigen Schlagabtausch münden. Sogar ein Kampf auf Leben und Tod war denkbar. Erst dieser aktiviere alle zur Verfügung stehenden Kräfte und schaffe dadurch individuelles Lernen und geistige Entwicklung. Vorausgesetzt, der Gegner wird nicht total vernichtet.

Hegel formte im 19. Jahrhundert aus diesem Gedanken seine dialektische Philosophie. Im Kampf von These und Antithese entstehe als höhere Bewusstseinsform die Synthese. Hegel glaubte hier das Weltprinzip entdeckt zu haben: Die kreative und kämpferische Auseinandersetzung mit den Mitmenschen bedingt den Fortschritt auf der Welt. Ein Kampf im Team wäre für ihn folglich ein schöpferischer Prozess gewesen. Er zeige das hohe Interesse der Kontrahenten an ihrer Sache. Leidenschaft ist die Voraussetzung für große Veränderungen. Die dabei sich gegenseitig zugefügten Schmerzen hätte er als notwendige Begleiterscheinungen des Lebens gesehen.

Im Rahmen der abendländischen Kultur ist Arbeit grundsätzlich sinnvoll, denn sie fördert individuelles Lernen und kulturelle Entwicklung.

- **Intensive Beschäftigung** ermöglicht kreatives Lernen. Arbeit sollte man zwar nicht idealisieren, denn sie ist stets eine zu meisternde Herausforderung. Aber das sind ein Segeltörn im Atlantik, eine Bergtour oder ein Marathonlauf auch.
- Wer tätig ist, erlebt immer wieder neue Zusammenhänge. Dieser **Perspektivwechsel** ist mal witzig, mal tragisch, mal anstrengend, mal absurd. Er erweitert den Horizont.
- Intensive Arbeit vernetzt und schafft **Beziehungen**. Zunächst zu Gegenständen: ein Kind zu seinen Spielsachen, ein erwachsener Sammler zu seinen gehorteten Objekten, ein Forscher zu seinen Projekten. Ein Buchautor zur Teamarbeit vernetzt seine Erfahrungen und Ideen zu einem Manuskript.
- »Von nichts kommt nichts« (Demokrit). Man kann die Weisheit nicht aus sich selbst saugen, sondern man benötigt dazu immer als Sparringspartner ein **Gegenüber: seine Mitmenschen,** die neue Gedanken beitragen.
- Im **Dialog** lernt man sein Gegenüber immer besser kennen und wächst an ihm, indem man seine eigene Position darstellt und verteidigt. Marin Buber und Viktor Frankl (Logotherapie) sprechen vom Ich-und-Du-Dialog, Therapeuten vom Dreiklang: Kontakt – Begegnung – Beziehung. Wer den Dialog verweigert, schädigt sich selbst. In der Gestalttherapie nach Fritz Perls oder der Psychoanalyse nach Anna Freud sind interesselose, in sich selbst verschlossene Menschen, stark gefährdet, psychisch zu erkranken.
- Man interessiert sich für seine Mitmenschen und bekommt wieder **Interesse** zurück. Man wächst mit den Inputs der Kollegen an seinen Aufgaben. Man fühlt sich lebendig und glücklich. So entsteht ein gutes Team. Ohne Interesse, nur mit Gleichgültigkeit, ist Wachstum nicht möglich.
- Die Teammitglieder sind zufrieden, wenn sie sich **einer Gruppe zugehörig fühlen können, ohne von ihr vereinnahmt zu werden.** Nähe und Distanz müssen in einem stimmigen Verhältnis

zueinanderstehen. Diesen Ausgleich herzustellen ist die schwierigste Aufgabe eines Teams.
- Mitmachen und trotzdem frei bleiben. Diese beiden Pole kennzeichnen ein menschliches Grundbedürfnis. Das ist so lustbetont wie bei Kindergartenkindern: Der Lebenssinn besteht darin, dass man als aktives Wesen mit dabei ist und in seiner Rolle beim **gemeinsamen Spiel** akzeptiert wird. Eine Kränkung wäre es, wäre man vom Spaß ausgeschlossen. Der Medienhändler Leo Kirch antwortete auf die Frage »Arbeiten Sie wegen Geld oder Macht?« mit »Wegen Spiel«.

In der Politik und im höheren Management ist es schick, bis ins hohe Alter zu arbeiten. Weiterarbeiten, »Anti-Retirement« genannt, schafft neue Beziehungen und wird zum Statussymbol für Vitalität. 70-Jährige wagen eine Firmengründung oder machen sich als Business-Angel bei der Beratung von jungen Leuten in Start-up-Gründungen nützlich.

- Spaß macht der Job zum Beispiel, wenn man ihn als kreative Bühne begreift, die der Arbeitgeber einem kostenlos zur Verfügung gestellt hat. Man kann darauf etwas Neues ausprobieren und bekommt dafür sogar noch Geld.
- Oder wenn man davon überzeugt ist, etwas ganz Wichtiges zu tun, von dem das Wohl vieler Menschen abhängt. Das kann ein Verwaltungsbeamter sein, dessen Strukturen das Zusammenleben vereinfachen, oder ein Sozialarbeiter, der sich als letzte Chance für seine Klienten sieht.
- Wunderbar ist der Job, wenn man nette Kollegen hat, mit denen man Spaß haben kann. Teamsucher besuchen die Kollegen sogar im Urlaub am Arbeitsplatz. Allerdings ist das Team vorgegeben. Es lässt sich nur bedingt aussuchen. Man kann es aber verbessern, dazu gibt es dieses Buch!

Spaß im Job: Lebenssinn entdecken

- Dienstreisen, bei denen man zwischendrin noch etwas Muße für Sightseeing und Erlebnisse findet, erhöhen ebenfalls den Spaß an der Arbeit.
- Oder wenn man erlebt, dass man bei richtig großen Projekten mitwirken kann.
- Erkennt man bei einem Training, einem Vortrag oder einer Präsentation plötzlich, dass alle nur wegen einem selbst gekommen sind, erhöht das ebenfalls die Freude.
- Und wenn man so viel Geld verdient, dass der Lebensunterhalt gewährleistet ist, dann wirkt sich das natürlich ebenfalls positiv aus.

Bisweilen bemerkt man den Spaß am Job so richtig erst im Rückblick. Überraschende, gemeisterte und verfehlte Situationen verschwimmen in der Vergangenheit zu einer Art Abenteuerexpedition, von der man heute stolz berichtet.

Machen Sie den Perspektivwechsel: Stellen Sie sich vor, Sie sind im Ruhestand. An was denken Sie gern zurück?

ANSATZPUNKTE FÜR TEAMTRAINERINNEN UND -TRAINER: ÄLTEREN MITARBEITERN IHREN LEBENSSINN SPÜREN LASSEN

Von Søren Kierkegaard (1813–1855) stammt der Satz: »Das Leben wird vorwärts gelebt und rückwärts verstanden.« Vorwärts setzt man sich Anforderungen und Überraschungen aus – im Rückblick reihen sich die vielen Berufserlebnisse, Höhen und Tiefen gleichermaßen, zu einer sinnstiftenden Linie. Die eigenen Beweggründe, zum Beispiel tiefliegende Wertvorstellungen, werden sichtbar. Sie kommen an die Wurzeln der beruflichen Motivation, wenn Sie zum Beispiel die Mitarbeiterin, die am längsten im Team ist, talkshow-ähnlich vor dem Team nach ihrer Berufsgeschichte befragen:
- In welchem Jahr haben Sie sich für diesen Beruf entschieden?
- Welche Motivation hatten Sie damals dafür?

- Welche Erfahrungen haben Sie wann gemacht?
- Was würden Sie heute anders machen?
- Würden Sie diesen Beruf heute wieder ergreifen?
- Haben Sie einen Tipp für junge Mitarbeiter?

Die Befragungsmethode heißt »wertschätzende Befragung – Appreciative Inquiry (AI)«. Sie gibt individuellen Erlebnissen der Vergangenheit ein Forum, ordnet sie in größere Zusammenhänge ein und hilft, eine individuelle Lebensbilanz zu ziehen. Im Rückblick wird das Berufsleben zu einer runden Sache. Der Lebenssinn (»Das war mir immer schon wichtig«) wird sichtbar. Ältere Mitarbeiter genießen die Aufmerksamkeit, die sie bei der Befragung bekommen, jüngere Mitarbeiter erhalten interessante Informationen über Risiken und Chancen ihres Berufs.

ANGST IM JOB: KROKODIL ODER NUR NILPFERD?

Viele haben Mobbing-Erfahrungen – ob real oder teilweise eingebildet spielt keine Rolle. Daraus entstehen Ängste, weil man sich vor einer Wiederholung fürchtet. Dazu kommen unverarbeitete Kindheitserlebnisse, die sich größtenteils unbewusst in den Vordergrund spielen. Sie motivieren zum Kampf um Wertschätzung, Positionen und Statusfragen, wo ein Dialog und Verhandlungsbereitschaft viel erfolgversprechender wären.

KROKODIL ODER NUR NILPFERD? – WIE BEDROHLICH IST DIE ARBEITSWELT?

Wenn man die Kollegen oder Mitarbeiter nur noch als Krokodile, sozusagen als Feinde sieht, dann fühlt man sich sehr bedroht. Denn Krokodile sind gefährlich: Sie schlummern gut getarnt im Schlamm und stürzen sich unerwartet auf ihre Opfer, um diese aufzufressen. Fragt sich nur, ob die Kollegen wirklich so bedrohlich sind, wie man ihnen das unterstellt?

Schwierige Kollegen oder Mitarbeiter sind meistens gar keine Krokodile, sondern lediglich dicke Nilpferde, die einem meist dann den Weg versperren, wenn man an ihnen dringend vorbeimuss. Sie machen sich breit und wichtig und lähmen dadurch ganze Arbeitsfelder. Wenn man ihre Ruhe nicht wesentlich stört, sind sie harmlos, denn im Gegensatz zu den Krokodilen sind sie genügsame Grasfresser. Erst wenn man sie leichtsinnigerweise reizt, werden sie aggressiv und trampeln dann blind alles nieder, was sich in ihrer Nähe befindet.

Wer ein überwiegend harmloses Nilpferd mit einem gefährlichen Krokodil verwechselt, macht sich unnötig Stress und provoziert dadurch erst recht eine Auseinandersetzung. Wer aus Angst vor der vermuteten Bedrohung in Panik gerät – obwohl vielleicht dazu gar kein Anlass bestünde, greift seine Kollegen meist hart und ungerecht an. Diese Präventivschläge führen zu Kriegserklärungen und bedauerlichen Kollateralschäden im Team. Die überzogene Reaktion dient dann nicht, wie beabsichtigt, dem Selbstschutz, sondern schafft erst die Bedrohung, die beseitigt werden sollte. Das führt dazu, dass ausgerechnet derjenige als Krokodil wahrgenommen wird, der eigentlich nur ein armes, dickes und unglückliches Nilpferd ist. Da Nilpferde aus Verzweiflung brutal um sich treten können und fahrlässig sogar Krokodile angreifen, ist oft nur noch schwer zu unterscheiden, wer Opfer und wer Täter ist. Wirkliche Krokodile finden dann eine günstige Gelegenheit, ihre Kollegen der »Unsachlichkeit« oder gar des Mobbings anzuklagen. Dieses Gefühlschaos ist der Sumpf, in dem sich das Krokodil gern versteckt.

Um Schlammschlachten im Team von vornherein zu vermeiden, ist die Unterscheidung zwischen Krokodil und Nilpferd sehr wichtig. Hier sind die Erkennungszeichen:

ERKENNUNGSZEICHEN	
Krokodile	Nilpferde
Krokodile haben ein klares Ziel vor Augen: Sie möchten sich auf Kosten ihres Opfers bereichern.	Eigentlich wissen Nilpferde gar nicht, was sie wollen. Manchmal provozieren sie mit störrischem Verhalten einen Angriff der Kollegen, um sich über diese dann »richtig aufregen« zu können. Ein gefundenes klares Feindbild gibt ihnen Sicherheit und sie kommen richtig in Fahrt.
Zielgerichtet wird Macht angestrebt, alles andere ist zweitrangig.	Sie legen großen Wert auf Statussymbole, damit sie besser an die eigene Wichtigkeit glauben können. Ansonsten ist das Verhalten tendenziell zufallsbedingt.
Sie sind lernfähig und verändern nach Misserfolgen die Strategie.	Misserfolge und Kritik machen sie noch sturer, als sie ohnehin schon sind.
Krokodile bevorzugen die Tarnung im Sumpf. Sie gehen nur bei günstigen Gelegenheiten in offene Auseinandersetzungen.	Häufig stellt sich ein Nilpferd nur deshalb breit in den Weg, um möglichst viel Aufmerksamkeit zu erhalten.
Ein Krokodil ist sehr geschickt, zeitweise auffallend freundlich, hat sich gut unter Kontrolle. Trauen Sie keiner Krokodilsträne!	Trotz beeindruckendem Körperbau ist ein Nilpferd ziemlich hilflos.

Angst im Job: Krokodil oder nur Nilpferd?

ERKENNUNGSZEICHEN	
Von seinen Zielen ist es nur schwer abzubringen.	Es ist leicht abzulenken, wenn man es freundlich lockt. Für kleine Aufmerksamkeiten ist es sehr empfänglich.
Es hält sich gern da auf, wo Macht und Pfründe zu verteilen sind. Bevorzugte Landschaft: die Politik.	Es ist überall da anzutreffen, wo es bei nur mäßigem Stress genügend Platz zur Entfaltung findet.

> BEISPIEL: VOM KROKODIL ZUM NILPFERD
>
> Vielleicht finden Sie einen Kollegen arrogant und »machtgeil«, weil er sich immer in den Vordergrund spielt, ohne qualifizierte Beiträge zu liefern. Wenn Sie in ihm ein Krokodil sehen und ihn deshalb präventiv angreifen, handeln Sie sich eine anstrengende Auseinandersetzung ein. Wenn Sie hingegen die Motive des »Krokodils« erforschen, merken Sie vielleicht, dass das arrogante Verhalten nur gespielt wird, um zum Beispiel Aufmerksamkeit zu erhalten. Dann wissen Sie, dass Sie es nur mit einem Nilpferd zu tun haben. Vielleicht genügen einige Sätze der Wertschätzung und schon ist es zu einem noblen Agreement bereit: Es tritt endlich etwas auf die Seite und lässt Sie (knapp) vorbei. Möglich, dass es später sogar Ihr Freund werden will, weil Sie einer der wenigen Menschen waren, die es wertgeschätzt haben! Trotzdem: Ein schwerfälliges Nilpferd als Freund kann auf die Dauer sehr lästig werden.

WARUM SIE EIN NILPFERD NICHT ANGREIFEN SOLLTEN!
- Erstens: Nilpferde sind meist mit etwas Aufmerksamkeit, Wertschätzung und Anerkennung verführbar. Harte Zwangsmittel, um sie von ihrem Standplatz zu vertreiben, sind überflüssig.
- Zweitens: Nilpferde sind oft unsicher und blockieren nur deshalb Arbeitsprozesse (zum Beispiel durch Verzögerung, Vorbringen offensichtlich unbegründeter Bedenken, Beschwerden darüber,

dass man sie übergangen hätte …), damit sie im Arbeitsleben mehr wahrgenommen werden. Ihre Verweigerung ist ein Akt der Selbstbehauptung. Eigentlich suchen sie nur irgendeine Auseinandersetzung, damit sie im Arbeitsprozess wieder wichtig genommen werden. Dieses egoistische Verhalten ist zwar für die Arbeit destruktiv, gibt aber dem Nilpferd das Gefühl, dass an ihm niemand vorbeikomme. Jetzt fühlt es sich sicherer. Ein Nilpferd wird dann streitsüchtig, wenn es von der Peripherie wieder in den Mittelpunkt des Arbeitsgeschehens kommen möchte. Zwar ist es ihm peinlich, wenn es die Kollegen stört, aber viel demütigender wäre es, wenn es nur herumstünde, ohne dass es jemand bemerken würde. Kurz: Das Nilpferd möchte in seiner beeindruckenden Größe wahrgenommen werden.

> **STRATEGIEN FÜR FÜHRUNGSKRÄFTE**
>
> Ob im Team oder in der Abteilung: Nilpferde lenken viel Aufmerksamkeit auf sich. Dadurch binden sie Energie, die bei der Arbeit fehlt. Mit etwas Interesse für die Tätigkeit, gewürzt mit einer Prise Lob, kann die Führungskraft dem ständigen Darstellungsbedürfnis der Nilpferde gegensteuern. Denn wer etwas Wertschätzung erhält, hat es nicht mehr nötig, sich ständig zu profilieren.
> Krokodile hingegen sind mit Wertschätzung nicht zufrieden, sondern fordern handfeste Kost: Geld, Kompetenzen, Privilegien. Da sie aus opportunistischen Gründen der Führungskraft gern aufmerksam zuarbeiten, wird ihre destruktive Rolle, die sie im Team spielen, meist (zu) spät erkannt.

WARUM GIBT ES SO VIELE NILPFERDE? Es hat und wird immer Menschen geben, die sich in den Vordergrund spielen und damit sensibleren Zeitgenossen den Weg versperren. Und es hat und wird immer wieder Menschen geben, die das als Charakterschwäche maßregeln

(»Wer sich wichtigmacht, hat das eben nötig«) und für sich selbst Understatement pflegen. Trotzdem haben sich spätestens in diesem Jahrtausend die Koordinaten verändert. Zum einen fördern die Medien öffentlichkeitswirksame Selbstinszenierungen. Der Egokult liegt im Trend. Zum anderen fordert der Druck des Arbeitsmarkts von Arbeitnehmern, dass sie die Wichtigkeit ihres Arbeitsfelds ständig betonen, damit die Firma ihre Stellen nicht abbaut. Mancher wird nur deshalb Nilpferd, damit er beim Outsourcing nicht untergeht. Viele Nilpferde haben Angst vor beruflichem und sozialem Abstieg. Wenn sie sich breit in den Weg stellen, dann ist das kein Zeichen der Macht, sondern besonders großer Angst.

Manchmal machen sich Nilpferde für Interessengruppen oder Vorgesetzte als Platzhalter nützlich. Aufgrund ihrer Standfestigkeit und Größe sind sie dazu hervorragend geeignet. Entweder monopolisieren sie dann innerhalb einer Abteilung ein Sachgebiet oder sie wachen sorgsam darüber, dass bestimmte Regeln und Verfahrensabläufe im Interesse von bestimmten Interessengruppen unverändert bleiben. Eigene Ideen zur Verbesserung der Arbeitsabläufe bringen sie nur selten ein. Stattdessen überwachen sie sorgsam das ihnen anvertraute Gut und erschweren Außenstehenden den Zugang. Im schlechtesten Fall versorgen Nilpferde Interessengruppen mit internen Informationen über das Verhalten einzelner Mitarbeiter und sichern sich durch diese Dienstleistungen ihren Arbeitsplatz. Nilpferde können für Krokodile zu nützlichen Kooperationspartnern werden, ohne dass ihnen das unbedingt bewusst sein muss.

In diesem Buch beschreibe ich eine Reihe unglücklicher Nilpferde, die auf den Nerven ihres Teams herumtrampeln, ohne das zu begreifen. Ich werde diese Situationen analysieren und Lösungen entwickeln, denn: selbst ein Nilpferd ist lernfähig!

HILFE, ES IST WIRKLICH EIN KROKODIL – WAS TUN? In stark strukturierten Arbeitsfeldern mit geregelten Beförderungsmechanismen (zum Beispiel im öffentlichen Dienst) ist das Krokodil wesentlich seltener anzutreffen als in Gebieten, die sich im Umbruch befinden. Krokodile benötigen für ihre Aktionen einen federnden Resonanzboden, der in geregelten Arbeitsverhältnissen selten zu finden ist. Trotzdem: Ihre Existenz ist nirgendwo auszuschließen. Strategisch und zielbewusst werden von ihnen Kompetenzen geraubt und fremde Erfolge dreist als eigene Leistungen verkauft. Was ist zu tun?

Mein Tipp: Lassen Sie sich nicht von Ihren Emotionen zur Panik verleiten! Vermeiden Sie unbedingt einen Wutausbruch. Denn Wut macht bekanntlich blind und vermindert die Steuerungsfähigkeit, die wichtig ist, um eine Sache offensiv zu vertreten. Ein wirkliches Krokodil lässt sich von Emotionen nicht einschüchtern. Im Gegenteil: Wenn ein Krokodil beim Gegenüber Angst spürt, fühlt es sich überlegen und beißt genussvoll zu. Es könnte dann zum Beispiel die Panikreaktionen seines Gegenübers als grobe Unsachlichkeit öffentlich anprangern und sogenannte »sachliche« Einwände vorbringen: Wer schnell die Nerven verliere, sei eben für diesen Job ungeeignet. Auch Beschwichtigungen führen nicht zum Erfolg, da Krokodile dann tendenziell nur noch gefräßiger werden und weitere Leckerbissen einfordern. Stattdessen sollten Sie möglichst schnell Ihre Angst überwinden und kühl die Motive Ihres Gegners analysieren, um eine rationale Gegenstrategie zu entwickeln. Nur so kommen Sie aus der Opferrolle in die Offensive! Fragen Sie beim nächsten Zirkusbesuch den Raubtierdompteur. Oder besser: Analysieren Sie mit einem Supervisor oder Coach die Lage. Vielleicht nützt Ihnen folgende Checkliste.

> CHECKLISTE: STRATEGIE GEGEN KROKODILE
>
> ✓ Zunächst: Motivation und Vorgehensweise des Krokodils ganz sachlich analysieren.
> ✓ Fakten suchen, die die eigene Position stützen, und diese dann emotionsfrei vertreten.

Angst im Job: Krokodil oder nur Nilpferd?

- ✓ Unterstellungen des Krokodils nüchtern aufzeigen und sachlich widerlegen.
- ✓ Offensichtliche eigene Fehler nicht verleugnen, dafür aber Vorschläge zur zukünftigen Verbesserung formulieren.
- ✓ Beleidigende Formulierungen unbedingt unterlassen! Diese führen in der Regel nur zur Eskalation.
- ✓ Innere Distanz herstellen: Vertreten Sie Ihre Sache so klar, wie Ihr eigener Anwalt das tun würde.
- ✓ Eigene Netzwerke suchen und aufbauen, um der Macht eine wirkungsvolle Gegenmacht entgegensetzen zu können.

DER ANTI-KROKODIL-TIPP: VORSICHT, RECHTFERTIGUNGEN MACHEN SCHWACH! Nur bei Ihnen wohlgesonnenen Mitmenschen sind Verteidigungen sinnvoll wie: »Ich habe mir wirklich alle Mühe gegeben, aber es hat leider nicht funktioniert …, das nächste Mal werde ich aber …«. Krokodilartige Angreifer hingegen lassen sich mit Rechtfertigungen nicht beruhigen, denn sie wollen abwerten und nicht verstehen. Entweder schreien sie ihren Frust heraus oder sie fordern den »Offenbarungseid«: Ihr Eingeständnis über Ihre absolute Unfähigkeit. Sie machen Ihnen Schuldgefühle, um Sie zu schwächen. In beiden Fällen gilt: Wer Ihnen ohnehin nicht zuhört, der hat auch nicht die Offenbarung Ihrer Beweggründe verdient. Was ist zu tun? Wenn Sie die Kritik für überwiegend ungerechtfertigt halten, können Sie in aller Ruhe kontern mit Aussagen wie beispielsweise: »Ich habe da anscheinend eine andere Position als Sie!« Damit beenden Sie die Auseinandersetzung. Wozu jetzt noch weiterdiskutieren, wenn die Unterschiede ohnehin klar sind?

Eine Alternative wäre: »Sie gehen hier von unrichtigen Voraussetzungen aus.« Damit starten Sie einen Gegenangriff. Sie unterstellen damit Ihrem Gegner, dass er nicht alle Gesichtspunkte bedacht hätte.

Was aber tun, wenn die Kritik größtenteils berechtigt ist? Leugnen nützt dann nichts mehr. Besser gleich das Versäumnis zugeben und dann Schluss. Nehmen Sie dazu eine Formulierung von Altkanzler Gerhard Schröder: »Ich gebe zu, mein Verhalten war hier suboptimal.« Das war's – mehr Rechtfertigung gibt es nicht, höchstens noch einmal eine Wiederholung: »Ich habe Ihnen bereits gesagt, dass ich mein Verhalten als suboptimal einschätze. Ich bin aber gern bereit, mit Ihnen darüber zu diskutieren, wie sich unsere Arbeit in Zukunft verbessern ließe ...« Aus, fertig, Schluss – ohne Schuldgefühle.

Frauen- und Männerteams im Vergleich

Die meisten Teams sind gemischt: Frauen und Männer arbeiten zusammen. In manchen Berufsfeldern gibt es – wenn auch immer seltener – geschlechtshomogene Gruppen. Reine Frauenteams finden sich häufig in Kindertagesstätten und im Krankenpflegebereich, reine Männerteams in technischen Berufen. Als Supervisor und Teamtrainer arbeite ich in beiden Berufsfeldern. Ich möchte kurz über meine Erfahrungen berichten – ohne Anspruch auf absolute Allgemeingültigkeit, um die Unterschiede zwischen Männer- und Frauenteams herauszuarbeiten. Grundsätzlich sind bei beiden Geschlechtern die Erwartungen an die Kolleginnen oder Kollegen gleich: Strukturelle Schwächen des Teams sollen überwunden werden. Zum Beispiel heißt es: »Der Kommunikationsfluss muss verbessert werden.«, »Eine pünktliche Arbeitsübergabe ist wichtig.«, »Absprachen sollten unbedingt besser eingehalten werden!«

Reine Frauenteams wollen ebenso Zuverlässigkeit, keine Frage, aber sie benötigen noch mehr. Hier hört man oft:
- »Vertrauen ist wichtig.«
- »Nur mit Offenheit und Ehrlichkeit geht es.«
- »Wir wollen zusammen Spaß haben.«
- »Ich möchte auch mal rumhampeln dürfen.«
- »Meine Kollegin (beziehungsweise meine Leitung) soll mich immer unterstützen.«

Zugegeben, das sind subjektive Erfahrungen aus gut 30 Jahren Supervisionstätigkeit, trotzdem sehe ich darin eine Tendenz: Frauenteams wünschen sich (und leben) intensivere Beziehungen als ihre männlichen Kollegen.

THESE 1: MÄNNER STELLEN GERINGERE EMOTIONALE ANSPRÜCHE AN IHR TEAM ALS FRAUEN. Natürlich gibt es Ausnahmen, aber Männer stellen an ihre Arbeitsstelle weniger hohe emotionale Ansprüche. Man arbeitet zusammen, im besten Fall ist man Kumpel und trinkt als Gemeinschaftsritual »ein Bierchen« – Männern reicht das in der Regel. Alkohol kann zur Versöhnungsgeste gestaltet werden, wie die Friedenspfeife bei den Indianern. Ich habe erlebt, dass erlittene Kränkungen mit einer guten Flasche Schnaps befriedet werden konnten. Die Kommunikation läuft dann etwa folgendermaßen ab: »Kollege, das tut mir echt leid, das ist wirklich echt Scheiße (vulgäre Sprache kann verbinden!) für dich gelaufen. Aber das war von uns nicht so gemeint, wirklich! Also trinken wir einen ...« – Der Gekränkte wird sich noch etwas zieren und Kritik anbringen, aber nach einigen Tagen ist der Frust vergessen. Aber gelingt es auch Frauen Kränkungen so gut wegzustecken?

Über private oder gar intime Probleme sprechen Männer am Arbeitsplatz höchst selten, wenn überhaupt. Ihre Erwartungen aneinander sind eher niedrig und deshalb leicht zu erfüllen. Man macht seine Arbeit zuverlässig und erwartet das Gleiche von den Kollegen, man möchte über Wichtiges informiert werden, irgendwie dazugehören, Spaß darf sein, dann ist die Arbeit okay. Männer sind in Arbeitsstellen von ihren Kollegen nicht so schnell zu kränken, da sie von vornherein weniger Nähe zulassen. Sie hängen die Latte der Teamemotionalität niedrig und können deshalb selbst in schwierigen Zeiten leicht darüberspringen. Anders bei Frauenteams. Sie stellen höhere emotionale Ansprüche an ihr Team. Frauen werden tendenziell aktiver, wenn sie in vertrauensvoller Runde auch außerberufliche Erlebnisse besprechen können. Nach meinem subjektiven Eindruck verbringen Kolleginnen mehr Freizeit miteinander als ihre männlichen Pendants. Auch ist der Körperkontakt (zum Beispiel ein Küsschen zur Begrüßung) intensiver als unter Männern.

Ich beobachte zudem, dass Männer ein anderes Problemlösungsverhalten als Frauen besitzen. Wenn zum Beispiel am Arbeitsplatz

Schwierigkeiten auftauchen, dann entwickeln Männer tendenziell sofort eine Lösung: ein Problem – eine Antwort. Das kommt wie der Hammer auf den Nagel. Manchmal führt die Problemlösung zu einem brauchbaren Ergebnis – häufig jedoch sind die Lösungen zu eindimensional, sodass wichtige Nebenaspekte übersehen werden. Frauen hingegen versichern sich bei Schwierigkeiten gegenseitig ihre Solidarität. In der wohltuenden Gemeinschaft löst sich zwar der Problemdruck, aber vielleicht wird vergessen, Lösungsperspektiven zu entwickeln.

THESE 2: FRAUENGRUPPEN SIND MÄNNERGRUPPEN ÜBERLEGEN, WENN LEBENDIGKEIT UND EMOTIONEN GEFORDERT SIND. Auch für diese Aussage habe ich keinen statistischen Beleg, sondern nur meine Erfahrungen aus zahlreichen Trainings: Frauengruppen sind Männergruppen dann überlegen, wenn Lebendigkeit und Emotionen gefordert sind. Wenn so viel Nähe und Zuneigung im Spiel sind, dass sich das Team fast nur aus dem »guten Gefühl« zueinander steuert. Man fühlt sich zusammengehörig, geht gemeinsam durch gute und schlechte Zeiten und verlässt sich auf die anderen. Wen wundert es da noch, dass Frauen voneinander vor allem »Vertrauen« und »Ehrlichkeit« einfordern?

Wenn zum Beispiel ein Bereich neu eröffnet wird *(Pionierphase)* und alle Mitarbeiterinnen sich ohne große Absprachen in die neue Tätigkeit stürzen, um aus dem Nichts in kürzester Zeit eine funktionierende Abteilung zu zaubern, dann lodert das Teamfeuer – aber leider brennt es nicht ewig. Vor allem dann, wenn sich die Abteilung rasch vergrößert, müssen nachträglich immer mehr formale Kommunikationsstrukturen *(Kompetenzklärungen, Arbeitsteilungen und Ähnliches)* eingezogen werden, damit die Abteilung unter der Vielschichtigkeit nicht zusammenbricht. Formale Arbeitsabläufe stellen sich aber leider der gelebten Spontaneität in den Weg. Zusätzlich ist es nach einigen Jahren der Pionierphase sehr schwierig neue Mitarbeiterinnen zu integrieren, da diese die Entwicklung des Teams nicht kennen. Die Neuen können sich nur schwer »einklinken« und empfinden vielleicht die Lebendigkeit nur noch als konzeptionslos und tendenziell verunsichernd. Langsam weicht die Kreativität einer schwammigen Lähmung. Das gute Startgefühl ist weg, Rivalitäten werden sichtbar, der vorher belebende Arbeitsalltag wird dann nur noch als angespannt und belastend erfahren.

Die bisher guten Beziehungen drohen schließlich unter dem Druck der täglichen Anforderungen zu zerbrechen. Man fühlt sich von seiner Kollegin enttäuscht und vielleicht sogar getäuscht. Die ersten Kränkungen zeichnen sich ab. Die Gruppe kommt nun in ein Fahrwasser, in dem sie nach einem geregelten Kommunikationsfluss und nach klaren Absprachen schreit. Das ist der Zeitpunkt, zu dem Supervision am stärksten gefordert und auch benötigt wird. Diese handelt dann eine neue Arbeitsbeziehung unter Beteiligung aller Teammitglieder aus, die das Distanz-Nähe-Verhältnis der Mitarbeiterinnen neu regelt.

Man muss seine Kollegin nicht unbedingt mögen oder gar lieben – für das Erste reicht es, wenn man sie als Kollegin ernst nimmt. Reflexion, Erwartungsabklärung, Kooperation und Absprachen sind die »Zauberwörter«, die ein schwieriges Team wieder zum Laufen bringen, vorausgesetzt, die erlittenen Kränkungen werden vergessen, verarbeitet oder verziehen.

Eine Arbeitsstelle ist kein Familienersatz, Arbeitskolleginnen sind keine Freundinnen! Die Arbeit ist bei allem wünschenswerten Engagement kein Hobby, sondern zunächst ein Vehikel zum Gelderwerb! Wer sich die materielle Abhängigkeit vom Arbeitsplatz bewusst macht, neigt weniger zum Idealisieren (Testfrage: Was würden Sie als Ehrenamtliche in Ihrer Einrichtung verändern?). Während man sich in der Freundschaft und in der Ehe den Partner frei aussuchen kann (was leider nicht vor Konflikten schützt), ist man in der Arbeit in der Regel zufällig oder zwangsweise mit unterschiedlichsten Menschen zusammen. Man wird sich mit dem Bestehenden abfinden oder besser das Beste daraus machen. Zu viel Feuer ist da nur hinderlich: Zuerst lodert es zwar warm, dann heiß und am Schluss explodiert das Team in Enttäuschungen. Die darauffolgenden Kränkungen (»Meine Kollegin hat mich hintergangen und nur ausgenützt«) legen sich wie schwere Schlacken auf die Beziehungen und machen den Teamalltag schwer, hart und kalt.

Deshalb Vorsicht: »Teamfeuer« macht einerseits lebendig, kann andererseits aber verbrennen, wenn man es nicht vorsichtig steuert! Es gibt mehrere Möglichkeiten mit ihm umzugehen: Wer es von vornherein löscht, sich immer nur bremst und ständig die Risiken des Lebens zu vermeiden sucht, wird steif und langweilig, da er nie dazu kommt, wärmende Lebendigkeit zu spüren. Aber: Das »Teamfeuer« kann verkohlte Landschaften hinterlassen, wenn man langfristig mehr von seiner Person gibt als man von den Kolleginnen zurückbekommt. Irgendwann sind dann die Energiereserven erschöpft. Es gibt noch einen dritten Weg: Wenn Sie eine Spielernatur besitzen, können Sie sich verschenken und den größten Teil Ihres emotionalen Kapitals auf eine Karte setzen. Aber dann müssen Sie die möglicherweise eintretenden Verluste halbwegs locker verkraften können: »Je ne regrette rien – ich bereue nichts.« Sie werfen dann nach einer kurzen Trauerzeit die Vergangenheit hinter sich und wagen einen Neustart.

Wie auch immer: Analysieren Sie Ihre Beziehungen, Ihre Bedürfnisse nach Nähe und Distanz und Ihr Verhältnis zu emotionalen Risiken. Investieren Sie nicht mehr Herzblut und Emotionen, als Sie verkraften können! Sonst drohen Enttäuschungen, Verletzungen und Kränkungen. Ihr Engagement, Ihre Power und Ihre Kreativität machen Ihr Team nur dann lebendig, wenn Sie diese nicht sinnlos vergeuden.

ANSATZPUNKTE FÜR TEAMTRAINERINNEN UND -TRAINER: FRAU ODER MANN? KUNDENERWARTUNGEN

Frau oder Mann? Das kann für Teamtrainer ebenfalls zum Thema werden, wenn sie oder er – was immer wieder vorkommt – einen Auftrag (angeblich) wegen ihres/seines Geschlechts nicht bekommt. In der Absage heißt es dann kurz: »Wir haben uns für eine Frau entschieden, weil wir glauben, dass das für uns zurzeit besser passt«. Wir Trainer können uns nicht, im Gegensatz zum Arbeitnehmer, auf das Diskriminierungsverbot berufen (wenn wir es könnten, würde man uns noch weniger Ablehnungsgründe mitteilen).

Möglich ist auch, dass wir gerade wegen unseres Geschlechts einen Auftrag bekommen. Aber die Hintergründe erfährt man in der Regel nicht. Auf alle Fälle wird deutlich, dass unsere Auftraggeber mit Teamtrainerin beziehungsweise Teamtrainer unterschiedliche Erwartungen verbinden. Wenn man nur wüsste welche? Die Trainerauswahl selbst ist ein emotionaler Vorgang. Entschieden wird oft nach Bauchgefühl. Nehmen Sie deshalb eine Ablehnung für ein Training nicht persönlich.

»So kann ich hier nicht arbeiten!«

URSACHENANALYSE: LIEGT ES AN MIR ODER AN DEN ANDEREN?

»So kann ich hier nicht arbeiten!« Diese Klage, die man als Trainer von Teams gelegentlich zu hören bekommt, macht Ärger und Leid sichtbar. Das ist gut so. Denn nur wenn man seinen Problemdruck erkennt und anspricht, ergibt sich die Chance, die Arbeitssituation zu verbessern. Wer sich hingegen nur »irgendwie unwohl fühlt«, wird sich resigniert von Arbeitstag zu Arbeitstag schleppen, Sinn und Ziele aus den Augen verlieren, bis eine Depression oder das sogenannte »Burnout« zuschlagen.

ANSATZPUNKTE FÜR TEAMTRAINERINNEN UND -TRAINER:
PROBLEMDRUCK SICHTBAR MACHEN

Selbst, wenn die Probleme zum Himmel stinken – manchen Mitarbeitern ist gar nicht bewusst, dass sie leiden. Wichtig ist dann, den Problemdruck sichtbar zu machen, denn sonst fehlt es an der Motivation die Arbeitssituation zu verbessern.

Gut möglich, dass sich dann der entstehende Ärger auf den Teamtrainer selbst richtet. Denn wer reale Probleme anspricht, macht sich damit selten beliebt.

Trotzdem: Ärger ist eine Kraft, der Neues schafft. Akzeptieren Sie ihn, lenken Sie ihn von sich ab und geben Sie gleichzeitig Unterstützung, zum Beispiel: »Ich kann gut verstehen, dass Sie unser Ergebnis überrascht. Sie haben es aber verdient, unter guten Bedingungen zu arbeiten!«

In der Formulierung »So kann **ich hier** nicht arbeiten!« sind die beiden Ursachen für die Unzufriedenheit versteckt:
- Es liegt am **Ich:** Die eigenen Fähigkeiten und Erwartungen passen nicht zur Arbeitsstelle.
- Es liegt am **Hier:** Die Rahmenbedingungen der Arbeitsstelle blockieren den Handlungsspielraum so stark, dass keine sinnvolle Tätigkeit möglich ist.

ES LIEGT AM ICH: DIE EIGENEN FÄHIGKEITEN UND ERWARTUNGEN PASSEN NICHT ZUR ARBEITSSTELLE

VERGEBLICHES WARTEN AUF KONKRETE VORGABEN: Vielleicht hat man einen Superarbeitsplatz, kann aber individuell die vorhandenen Spielräume nicht nutzen. So warten manche Mitarbeiter vergeblich auf konkrete Vorgaben der Abteilungsleitung, während diese eigenständige Arbeitsplanung einfordert und deshalb klare Anweisungen bewusst vermeidet. Wenn dieses Missverständnis geklärt wird, könnte die Arbeitszufriedenheit wieder steigen.

KONTAKT ZUR KLIENTEL FUNKTIONIERT NICHT: Manchmal findet man keinen Zugang zu seinen Kundinnen, Klienten oder Schülern. So sind zum Beispiel manche Lehrer fachlich sehr kompetent, können aber den Kontakt zu den Schülern nur sehr schlecht aufbauen. Folge: Die Schüler verstehen den Lehrer nicht, fühlen sich überfordert und gehen in Widerstand.

> **BEISPIEL: REALSCHULLEHRERIN**
>
> Die Realschullehrerin A. ist zuverlässig, fachlich kompetent und hilfsbereit. Sie erwartet von den Schülern, dass diese ebenso motiviert sind wie sie. Deshalb fordert sie von ihnen, dass sie absolut pünktlich zum Unterricht erscheinen, aufmerksam zuhören, Wissenslücken sofort ansprechen und jeden Nachmittag den Lehrstoff nochmals gründlich durcharbeiten. Da sich die Schüler anders ver-

> halten wird sie zunehmend ungeduldig (»So kann ich hier nicht arbeiten!«) und verteilt Strafen und schlechte Noten. Daraufhin solidarisiert sich die Schulklasse gegen sie und versucht sie aus der Schule zu mobben. Erst wenn sie die Gruppendynamik in der Schulklasse entschlüsseln lernt, verhält sie sich geschickter und kann ihre Fachlichkeit wirken lassen.

STATUSDENKEN STATT KUNDENORIENTIERUNG: Sozialarbeiterinnen, Behördenmitarbeiter und Polizisten haben es in etlichen Fällen mit schwieriger Klientel zu tun. Da finden sich Obdachlose, psychisch Kranke, Reichsbürger oder Dauerquerulanten. Hier kommt es darauf an, dass man den richtigen »Dreh« findet, damit sich Konflikte nicht hochschaukeln. Die Gesprächsführung sollte mehrdimensional, so ähnlich wie im Team, angelegt sein. In diesem Buch wird sie als »Kritik ohne Angriff« (s. S. 55) beschrieben. Diese Strategie bietet Klarheit und Einfühlung im Kombipack. Voraussetzung dafür ist, dass man sich als kompetenten Dialogpartner auf Augenhöhe versteht und das Statusdenken hintenanstellt. Dann wird man auch bei (vermeintlichen) Beleidigungen nicht gleich auf Konfrontationskurs gehen oder sich gar in einen Machtkampf verwickeln, sondern schwierige Situationen strategisch deeskalieren. So vermeidet man zudem Burnout.

ARBEIT WIDERSPRICHT DEM EIGENEN ARBEITSETHOS: Viele Tierärzte sehen sich als Tierfreunde und arbeiten nicht im Schlachthof, obwohl es dort gut dotierte Stellen gibt.

EIGENE GRENZEN NICHT BEACHTEN: Manchmal verliert man aus den Augen, dass man mit einer Arbeitsstelle zuerst Geld verdienen möchte. Arbeitsleistung gegen Bezahlung – das ist eine klare Beziehung. Wer unrealistische Erwartungen verfolgt, der überfordert sich selbst (s. S. 88: »Ich gebe mein Bestes, aber niemand schätzt es!«).

NEUSTART STATT BURNOUT: Wenn die eigene Arbeit immer wieder scheitert, wenn zusätzlich Gutmütigkeit und Leistungsbereitschaft ausgebeutet und missbraucht werden, dann empfindet man eine tiefe Sinnlosigkeit. Wenn man jetzt den Absprung verpasst, um sich etwas Neues aufzubauen, könnte ein Burnout an der Tür klopfen. Der Begriff Burnout ist unpassend, da er, ähnlich einer erlöschenden Kerze, von einem langsamen Verglühen hoher Arbeitsmotivation ausgeht, das irgendwann zum »Ausgebrannt-Sein« (Burntout) führt. Stattdessen beginnt eine Burnout-Arbeitskrise häufig mit einem Paukenschlag: Ein für das Umfeld »eigentlich« kleines Ereignis wird zum Katalysator einer massiven Kränkung. Plötzlich zerbrechen liebgewonnene Illusionen und die Erkenntnis fällt wie Schuppen von den Augen: »Es ist absurd, hier passt nichts zusammen! Hier kann ich nichts erreichen!« Wer sich diese Sinnkrise eingestehen kann und neue Lösungen zu finden versucht, geht meist gestärkt daraus hervor. Wer sie aber verleugnet, sich in einer Opferhaltung einigelt (s. S. 132, »Ich bin Opfer und das ist auch gut so!«) und andere für sein Missgeschick verantwortlich macht, der rutscht tiefer in die Krise.

ES LIEGT AM HIER: DIE RAHMENBEDINGUNGEN DER ARBEITSSTELLE BLOCKIEREN DEN HANDLUNGSSPIELRAUM SO STARK, DASS KEINE SINNVOLLE TÄTIGKEIT MÖGLICH IST

EGOTRIP DER KOLLEGEN: Ob fahrlässig oder absichtlich: Kollegen blockieren die Zusammenarbeit, Spezialisten kümmern sich nur um ihr enges Fachgebiet, Minimalisten schieben eine ruhige Kugel. Dann haben Sie es mit Teamflüchtern zu tun. Wie sich diese Zeitgenossen einbinden lassen, ohne sich zu verausgaben, können Sie auf S. 67 nachlesen.

UNREALISTISCHE ARBEITSVORGABEN: Die Firma spart und streicht Stellen, die Arbeitsmenge bleibt gleich. Wenn Sie jetzt einfach stur weiterarbeiten, wird man Sie dafür verantwortlich machen, wenn die

Arbeitsziele nicht voll erreicht werden (s. »Die Arbeit ist nicht zu schaffen!«, S. 138).

ANSPRUCH UND WIRKLICHKEIT KLAFFEN WEIT AUSEINANDER: Die Arbeitsstelle glänzt mit einem tollen Leitbild und ist mehrfach zertifiziert. Aber kann die Realität da mithalten? Häufig ist schon die Mitarbeiterrekrutierung widersprüchlich. Da werden in der Stellenanzeige »originelle Denker mit Eigeninitiative« gesucht, während dann im realen Arbeitsalltag Anpassung und Unterordnung eingefordert werden.

FÜHRUNGSKRÄFTE SELBST BLOCKIEREN DIE SINNVOLLE ARBEIT: Manche Führungskräfte sind ihrer Aufgabe nicht gewachsen. Bei Neueinsteigern ist das verständlich, denn aller Anfang ist schwer. Die fehlenden Kompetenzen kann man sich mit Supervision, Coaching und Teamtraining langsam aneignen. Erfahrene Mitarbeiterinnen liefern neuen Leitern gern aktuelles Insiderwissen, wenn sie dafür Wertschätzung bekommen. Geschickte, fachfremde Politiker übernehmen so schnell die Leitung eines ganzen Ministeriums.

Leider gibt es Chefs, die jede angebotene Hilfe verweigern. Aus dieser Blockadehaltung ergeben sich Konflikte. Statt den Dialog zu suchen wollen sie die eigene Position stärken, indem sie ihre Mitarbeiter »klein halten«. Sie machen dann zu enge, unerfüllbare oder widersprüchliche Vorgaben (s. »Der größte Führungsfehler: ein Zickzackkurs«, S. 157). Trotz souveränem Auftreten sind sie im Inneren ängstlich. Besonders von starken Mitarbeitern fühlen sie sich bedroht, während sie schwache (ungefährliche) Mitarbeiter mit kleineren Privilegien bei Laune zu halten versuchen. Ein Machtkampf mit der Leitung und innerhalb des Teams, also an allen Fronten, ist jetzt vorprogrammiert. Mit zahlreichen Ermahnungen und Abmahnungen, die bisweilen jeder Substanz entbehren, versuchen Leitungen, die sich bedroht fühlen (obwohl sie es ursprünglich gar nicht waren!) ihre Position zu sichern. Damit wird ihre Angst öffentlich sichtbar. Wenn die Unternehmensleitung diese Führungskräfte langfristig duldet, könnte das ein Anzeichen für großflächig gelebten Minimalismus sein: Die Arbeitsqualität ist unwichtig, Hauptsache, es läuft irgendwie. Aber warum sollte sich ein Mitarbeiter für diesen Betrieb engagieren?

Für Arbeitsunzufriedenheit gibt es also mehrere Ursachen:
- Manchmal passt man einfach nicht in ein Arbeitsfeld.
- Die Arbeitsstelle verhindert, aus welchen Gründen auch immer, sinnvolles Arbeiten.

In beiden Fällen haben Sie drei Möglichkeiten:
- keep it
- change it
- leave it

Dazu brauchen Sie zuerst eine präzise Situationseinschätzung und dann eine Handlungsstrategie. Darum geht es in diesem Buch. Einfach sich weiter »durchzuwursteln« wäre die schlechteste Lösung. Ihre Lebensfreude hat das nicht verdient!

Gesprächsführung: »Kritik ohne Angriff«

Für Kritik gibt es mehrere Beweggründe:
- **Beweggrund 1:** Durch die rückblickende Beurteilung einer Handlung sollen zukünftig Fehler vermieden werden: »Was können wir tun, damit Projekt XY in Zukunft besser läuft?« Dazu sind Ziele und neue Verabredungen erforderlich.
- **Beweggrund 2:** Der Schadensverursacher soll finanziell haftbar gemacht werden: »Wenn Sie beim Abbiegen geblinkt hätten, dann wäre der Unfall nicht entstanden!«
- **Beweggrund 3:** Emotionaler Druck wird abgelassen: »Ihr seid die letzten Trottel …!«
- **Beweggrund 4:** Kollegen und/oder Mitarbeiter sollen »kleingeschrumpft« werden, um die eigene Überlegenheit herauszustellen: »Wenn die mich nur gefragt hätten, dann wären Ihnen diese dummen Fehler nicht passiert! Aber Sie glauben, Sie wüssten alles besser!«
- **Beweggrund 5:** Selbstentlastung durch Zynismen, die den (angeblichen) Schadensverursacher demütigen sollen: »Sie machen schon beim Zuschauen Fehler!«

WELCHE KRITIK WEITERBRINGT: Im Arbeitsalltag ist nur der Beweggrund 1 sinnvoll. Er ist kooperativ-zukunftsgerichtet und vermeidet Schuldzuweisungen – er nützt der Firma.

Die Beweggründe 3 bis 5 eröffnen Nebenkampfplätze: Die Gedemütigten fühlen sich angegriffen, werden sich verteidigen und den Beleidiger in lähmende Auseinandersetzungen verwickeln. Schlimmer ist noch: Angriffe verhindern die Verbesserung der Arbeit! Denn wer in Kämpfe verstrickt ist, besitzt nicht mehr die nötige Ruhe, um rückblickend die Arbeit zu überdenken. Er wird die eigenen Schritte mit aller Kraft verteidigen und selbst beste Lösungen ablehnen, nur weil sie von seinem Gegner stammen. Kritik mit Angriff macht dumm. Kritik ohne Angriff hingegen fördert das Nachdenken und führt zu verbesserten Lösungen. Und Beweggrund Nummer 2 ist zivilrechtlich rational, wenn man sich einen Schadensersatz erhofft. Ansonsten bringt er nichts.

Bei den meisten Menschen erreichen Sie mit Kritik nur Abwehr (vor allem dann, wenn die Kritik berechtigt ist!). Sich gekränkt fühlende Kollegen neigen sogar zu unberechtigten Gegenangriffen: »Du hast neulich auch nicht …!«. Trotzdem dürfen Sie Kritik nicht verschweigen. Versuchen Sie Kritik im »Kombipack« mit einfühlender Unterstützung anzubringen. Jeder hat irgendwo eine Stärke oder wenigstens gute Vorsätze, die viel zu wenig geschätzt werden und auf die man besonders stolz ist. Heben Sie diese Fähigkeiten heraus und kombinieren Sie dazu einige Verbesserungsvorschläge. Die Kritik verliert dadurch unnötige Schärfe und wird annehmbar.

»KRITIK OHNE ANGRIFF«: Bremsen ohne zu schleudern: Kritik muss die zukünftige Arbeit verbessern – sonst ist sie nutzlos. Aber selbst mit den besten Absichten bleibt Kritik schwierig. Die Zwickmühle bei unbefriedigenden Arbeitsergebnissen sieht deshalb häufig so aus:
- Entweder man erregt sich und kritisiert – dann gibt es Ärger mit den Angegriffenen oder
- man sagt nichts und schluckt alles in sich hinein – dann verbessert sich die Arbeitssituation nicht.

Eine Wahl zwischen Pest und Cholera? Nur dann, wenn man aus dem Entweder-oder-Denken nicht herauskommt. Es gibt auch ein Sowohl-als-Auch.

Gesprächsführung: »Kritik ohne Angriff«

BEISPIEL: DAS »ANTI-BLOCKIER-SYSTEM« DER GESPRÄCHSFÜHRUNG

Nehmen wir ein Beispiel aus der Automobiltechnik: Das Anti-Blockier-System (ABS). Wenn bei einem PKW bei einer Vollbremsung die Räder blockieren, dann gerät das Auto höchstwahrscheinlich außer Kontrolle. Es schleudert und verursacht Schäden. Ein ABS bremst zwar ebenfalls ab, aber verhindert durch eine ausgeklügelte Elektronik eine Totalblockade der Räder. Denn das ABS überwacht beim Bremsvorgang jedes einzelne Rad und lässt es so weit locker, dass eine Blockade vermieden wird und das Auto sicher abgebremst zum Stehen kommt.

Ähnlich ist es beim Kritikgespräch. Ein Verhalten soll zukünftig abgebremst werden, aber es darf nicht zu unkontrollierbaren Schäden kommen. Sachliche Kritik funktioniert deshalb nur dann, wenn sie mit Einfühlung (in den Kritisierten) gekoppelt ist. Zu diesem Zweck wird die eigene »Brille« der Problemsicht kurzfristig abgelegt und die Arbeitswelt aus der Perspektive des anderen gesehen. Wenn man sich einfühlt, versteht man besser, wie der andere zu seinen Arbeitsergebnissen gekommen ist. Die Kritik kann dann viel präziser gesteuert werden und Beziehungsknatsch lässt sich (hoffentlich) vermeiden.

STRATEGIE FÜR FÜHRUNGSKRÄFTE: KLARHEIT STATT BESCHIMPFUNG

Eine Führungskraft verfügt über mehr Informationen und Kompetenzen und steht etwas über dem Teamalltag. Sie begibt sich deshalb nicht in die tieferliegende Arena der persönlichen Auseinandersetzungen, falls Mitarbeitende Fehler gemacht haben sollten. Diese kräftezehrenden Kämpfe hat sie nicht nötig, da sie pragmatisch »nur« den höher liegenden Zielen der Einrichtung verpflichtet ist. Sie verbessert die Arbeit, indem sie Hindernisse beseitigt und klare

> Vorgaben gibt, aber ohne zu moralisieren oder gar beschimpfen. Dadurch gewinnt sie etwas Abstand zur Teamdynamik und sichert so die eigene Führungsrolle.

EMOTIONSMANAGEMENT: KLARHEIT UND EINFÜHLUNG IM KOMBIPACK

Mitarbeiterinnen und Mitarbeiter können sehr dünnhäutig sein. Selbst hinter der Fassade eines forschen Auftretens finden sich nicht selten Selbstzweifel: »Wird meine Arbeit geschätzt?«, »Welchen Einfluss habe ich im Team und im Betrieb?«, »Ist mein Arbeitsplatz gefährdet?«. Besonders verwirrend wird es, wenn man sich »irgendwie« kritisiert fühlt, ohne den Kern der Kritik begreifen zu können. Um Selbstsicherheit zu gewinnen, benötigen sie Orientierung – beispielsweise über Arbeitsanforderungen, Teamdynamiken und betriebsspezifische Gepflogenheiten. Hier können Supervisor oder Coach unterstützen. Diese Aufgabe können aber auch Vorgesetzte oder Kollegen übernehmen. (Weniger Erfolg versprechend ist es hingegen, Lebenspartner zu befragen. Diese können parteiisch sein und übersehen dann die Dimensionen des Gesamtkonflikts.)

Damit sich Mitarbeiter in der Arbeits- und Teamdynamik gut zurechtfinden, müssen vor allem zwei Bedürfnisse erfüllt werden:

- **Klarheit** und Wahrheit, um im Chaos des Berufslebens Sicherheit und Orientierung zu finden. Da die Arbeitswelt von ihnen tendenziell bedrohlich gesehen werden kann, sind sie dankbar dafür, wenn ihnen jemand zum Beispiel den »roten Faden« der Teamauseinandersetzung aufzeigt.
- Sie möchten bei ihrer täglichen Arbeit gesehen werden – sie suchen Aufmerksamkeit, Anerkennung, Interesse, Wertschätzung, **Einfühlung.** Sie möchten mehr als eine Nummer auf der Gehaltsliste der Personalabteilung sein. Sie möchten in ihrem Engagement einen Sinn erkennen können.

Emotionsmanagement: Klarheit und Einfühlung im Kombipack

Vorgesetzte und Kollegen verbessern die Arbeitsergebnisse und das Betriebsklima, indem sie beides geben: Klarheit und Einfühlung.

Klarheit bedeutet: taktvoll aber verständlich Versäumnisse und Fehler ansprechen

Einfühlung bedeutet: die Potenziale und Schwierigkeiten des Mitmenschen erkennen

Ausschließlich »Klarheit« oder ausschließlich »Einfühlung« zu vermitteln ist problematisch:

WENN SIE NUR DIE FEHLER ANSPRECHEN ...	WENN SIE SICH NUR EINFÜHLEN ...
dann sprechen Sie von unerfreulichen Folgen, die ein Verhalten ausgelöst hat. Damit kommen Sie in die Rolle des Anklägers.	übernehmen Sie bei Ihrem Gegenüber die individuellen Beweggründe des Verhaltens. Dadurch werden Sie zum Unterstützer.
Dadurch	
lösen Sie Ärger aus. Ihr Gegenüber hört Ihnen nicht mehr zu und wird Sie zukünftig als Gegner betrachten. Je mehr er Ihnen aus dem Weg geht, umso weniger Einfluss haben Sie auf die Qualität der Arbeit.	gewinnen Sie zwar Vertrauen, lösen aber keine Arbeitsprobleme.
Langfristig	
verbessert sich die Arbeitssituation nicht.	verbessert sich die Arbeitssituation nicht.

Isoliert angewendet sind sowohl »Klarheit« als auch »Einfühlung« wenig zielführend. Die Gesprächsführung »Kritik ohne Angriff« funktioniert erst dann, wenn wirklich beides miteinander kombiniert wird:

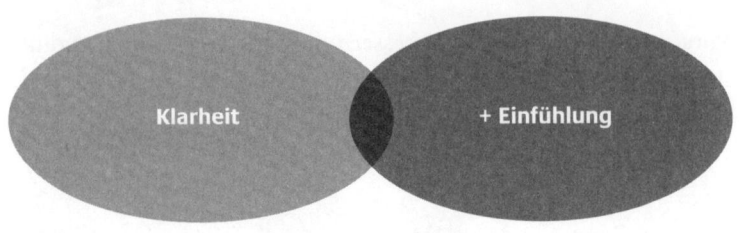

= **Kritik ohne Angriff**

- Kritik muss Sachverhalte offen ansprechen. Jeder soll verstehen können, um was es geht. Das ist **Klarheit**.
- Kritik sollte nicht gegen jemanden, sondern für jemanden geäußert werden. Ziel ist es, dass die kritisierte Person die Arbeit künftig besser erledigen kann. Dazu ist erforderlich, dass man sein Gegenüber etwas kennt und sich mit dessen Beweggründen auseinandergesetzt hat. Dazu braucht man zum Beispiel etwas Intuition, Ehrlichkeit und Interesse am Mitmenschen. Das ist **Einfühlung**.

Wenn Kritik Klarheit und Einfühlung koppelt, dann wird sie eher als Unterstützung verstanden. Wenn sie dagegen »kalt«, ohne Einfühlung verabreicht wird, ist die Wahrscheinlichkeit hoch, dass sie als »Abkanzeln« ankommt. Noch schlechtere Wirkungen werden erzielt, wenn die Einfühlung nicht echt beziehungsweise nicht authentisch ist. Die Kritisierten spüren sofort, wenn »Einfühlung« aus taktischen Gründen nur vorgespielt wird. Sie werden darauf abwehrend oder gekränkt reagieren.

VERSTEHEN HEISST NICHT AKZEPTIEREN!

Mit Einfühlung lassen sich die Beweggründe eines Menschen ergründen. Nach der Investition von etwas Zeit erhält man Einblicke in den individuellen »Bauplan«: Vorannahmen, Werthaltungen,

Ängste und Befürchtungen, die jemanden zu einem (vielleicht unglücklichen) Verhalten bewogen haben. Das Verständnis dafür, wie ein Fehler entstanden ist, bedeutet allerdings noch lange nicht, dass man den Fehler selbst akzeptiert! Dem Unternehmen ist nicht damit gedient, dass sich alle beim Fehlermachen einig sind, sondern dass sich die Arbeit verbessert. Verständnis ohne Fehlerakzeptanz zeigt diese Reaktion: »Okay, ich habe jetzt begriffen, wie Sie zu Ihrer Einschätzung gekommen sind. Da gab es einige Missverständnisse. Für die Zukunft müssen wir allerdings eine bessere Lösung finden …«

ZWEI DIALOGE ZUR GESPRÄCHSFÜHRUNG »KRITIK OHNE ANGRIFF«

> **BEISPIEL: EIN PERSÖNLICHES UND BERUFLICHES PROBLEM ZUGLEICH**
>
> Die etwas hektische junge Mutter kommt häufiger zu spät zur Arbeit. Ihre Verspätungen rechtfertigt sie mit Bedürfnissen ihres Kleinkinds oder mit Versäumnissen des Babysitters.

Wenn der Abteilungsleiter das Verhalten bei der jungen Mutter anspricht sind folgende Dialoge denkbar:

DIALOG 1: NUR UNERFREULICHE KLARHEIT

Abteilungsleiter: »Sie sind heute wieder 20 Minuten zu spät zur Arbeit gekommen!«

Mutter: »Meine Schwiegermutter wollte auf mein Kind aufpassen, kam aber zu spät.«

Abteilungsleiter: »Da müssen Sie sich einen besseren Babysitter besorgen!«

Mutter: »Meine Schwiegermutter macht das meistens sehr zuverlässig, aber sie ist halt schon sehr alt.«

Abteilungsleiter:	»Dann müssen Sie sich jemand anderen besorgen.«
Mutter:	»Das stellen sich Männer immer so einfach vor …«
Abteilungsleiter:	»Ich habe selbst zwei Kinder, ich weiß wovon ich spreche!«
Mutter:	»Ja, aber die zieht doch Ihre Frau groß?«
Abteilungsleiter:	»Das tut jetzt nichts zu Sache, ich möchte, dass Sie pünktlich zur Arbeit kommen. Sonst bekommen Sie eine Abmahnung!«

Eine kurze Unterredung mit negativen Folgen. Was ist passiert? – Die junge Mutter hört in allen fünf Sätzen des Abteilungsleiters nur unerfreuliche Klarheit:

1. zu spät gekommen
2. schlechter Babysitter
3. sie soll einen neuen Babysitter organisieren
4. Abteilungsleiter fühlt sich kompetent, da er selbst zwei Kinder hat
5. Drohung mit Abmahnung

Ergebnis: Null Punkte bei der Einfühlung.

Was hat der Abteilungsleiter erreicht? – Nichts, er hat sogar verloren. Er hat kein Versprechen erhalten, dass die Frau in Zukunft tatsächlich pünktlicher sein wird (was eigentlich sein Ziel hätte sein müssen). Er hat die Arbeitsbeziehung zur jungen Mutter verschlechtert, da sein Unverständnis wahrscheinlich als Ignoranz und Kränkung wahrgenommen wird. Außerdem wird die Mitarbeiterin in ihm zukünftig nur noch den gefühllosen »Kontrolletti« sehen, der die Probleme seiner Mitarbeiter ignoriert. Falls sie wieder zu spät kommt, ist er fast gezwungen, sie abzumahnen, um seine Glaubwürdigkeit zu behalten.

Ein klassisches Eigentor: Die Drohung bindet nicht nur die Zuspätgekommene, sondern auch den Drohenden. Vermutlich wird das Gespräch die Frau verunsichern, sodass sie noch hektischer wird und noch öfter zu spät kommt. Zusätzlich musste der Vorgesetzte die Unterstellung kassieren, dass er von den Nöten bei der Kindererziehung keine Ahnung habe, da den Nachwuchs seine Frau großzieht. So rutscht der Konflikt unbeabsichtigt auf einen Nebenkriegsschauplatz: Männer verstehen eben nichts von Kindern. Jetzt ist auch der Abteilungsleiter gekränkt. – Wie funktioniert dagegen »Kritik ohne Angriff«?

DIALOG 2: KLARHEIT UND EINFÜHLUNG

Abteilungsleiter: »Sie sind heute wieder 20 Minuten zu spät zur Arbeit gekommen!«

Mutter: »Meine Schwiegermutter wollte auf mein Kind aufpassen, kam aber zu spät.«

Abteilungsleiter: »Das ist ganz schön unangenehm für Sie, wenn Ihre Schwiegermutter so unpünktlich ist.«

Mutter: »Ja, schon – aber was kann ich tun?«

Abteilungsleiter: »Geht es der Schwiegermutter nicht gut, ist sie krank?«

Mutter: »Meistens ist sie eigentlich ganz zuverlässig, nur manchmal halt …«

Abteilungsleiter: »Die Kollegen mussten wegen Ihnen länger arbeiten. Ich möchte verhindern, dass Sie Ärger bekommen. Außerdem braucht unsere Firma Ihre volle Arbeitskraft. Was können wir denn tun?«

Mutter: »Ich weiß auch nicht, ich kann noch einmal mit meiner Schwiegermutter sprechen.«

Abteilungsleiter: »Das ist gut. Vielleicht können Sie den Kollegen ein Angebot machen, wie Sie ihnen durch Nacharbeit die verlorene Arbeitszeit ausgleichen können. Unsere Firma kann dafür nicht aufkommen.«

Mutter:	»Darüber muss ich nachdenken.«
Abteilungsleiter:	»Okay, wir werden gemeinsam eine Regelung finden.«

Was hat der Abteilungsleiter jetzt erreicht? – Erstens hat er das Versprechen erhalten, dass die Mitarbeiterin noch einmal mit der Schwiegermutter sprechen wird. Der Problemdruck ist anscheinend bei der jungen Mutter angekommen. Vielleicht versucht sie die Situation zu verbessern.

Zweitens hat er (etwas) Einfühlung für ihre Lage gezeigt, sie aber von ihrer Verantwortung zu einem pünktlichen Arbeitsbeginn nicht entbunden. Denn verstehen heißt nicht akzeptieren: Ich verstehe, okay – aber ich möchte trotzdem eine bessere Lösung! Drittens hat er sie über die Stimmung im Team informiert und ihr Unterstützung angeboten. Und viertens wird er mit ihr einen Weg finden, um die Fehlzeiten wieder auszugleichen. Einem Teamkonflikt wurde damit vorgebeugt.

»SYSTEMVORAUSSETZUNGEN« BEI »KRITIK OHNE ANGRIFF«

Für die Gesprächsführung: »Kritik ohne Angriff« mit der jungen Mutter sind beim Abteilungsleiter folgende »Systemvoraussetzungen« erforderlich:
- Er braucht ausreichend »Speicherkapazität«, um die Befindlichkeiten seiner Mitarbeiterin aufnehmen zu können. Ein großer Datensatz an Lebenserfahrungen ist eindeutig ein großer Vorteil.
- Ein großer »Arbeitsspeicher« bietet ausreichende Kapazitäten, um auch bei hohem Arbeitsdruck reaktionsschnell Interesse und Aufmerksamkeit für seine Mitarbeiter zu entfalten. Eingehende Informationen sollten schnell bewertet und beantwortet werden. Psychologisch spricht man hier von Empathie (Einfühlungsvermögen) und Intuition.

Zusammenfassung: Fünf Schritte von »Kritik ohne Angriff«

- Wahrscheinlich ist der Abteilungsleiter über die Verspätungen verärgert. Das ist verständlich. Wenn er aber in diesem Gefühl stecken bleibt, kann er die Situation nicht verbessern. Erst wenn er sich in ihre Lage einfühlen kann, findet er Konfliktlösungen. Er muss über »seinen eigenen Schatten springen«, von der Anklage zur Frage kommen. Hier ist ein »Software-Update« erforderlich: die Forderung »die muss« ist mit der Frage »Warum macht die das nicht?« zu überschreiben.
- Es müssen ausreichend Ressourcen vorhanden sein, um die Arbeitsprozesse zu fördern. Die Frau benötigt Einfühlung und Verständnis für ihre Lage, Klarheit über die Teamprozesse und Unterstützung, um ihre Situation zu verbessern.
- Anschließend sind die Ergebnisse der Vereinbarungen zu speichern.

ZUSAMMENFASSUNG:
FÜNF SCHRITTE VON »KRITIK OHNE ANGRIFF«

SCHRITT 1: EHRLICHE EINFÜHLUNG IN DIE KOLLEGEN. Leitfragen sind:
- Warum sind die eigentlich so?
- Was bewegt die?
- Wie geht es denen?

SCHRITT 2: VERSTÄNDNIS. Wer Verständnis bei seinen Problemen verdient hat, bekommt Verständnis – warum denn nicht?

SCHRITT 3: VERSTEHEN HEISST NICHT AKZEPTIEREN! Bedenkliche Verhaltensweisen werden nicht für gut befunden. Verstehen bedeutet nur, dass innere Beweggründe des Gegenübers erfasst werden, um Wünsche und Ängste zu erkennen.

SCHRITT 4: GLAUBWÜRDIGKEIT BEWAHREN. Die geäußerten Gefühle müssen stimmen!

SCHRITT 5: UNTERSTÜTZUNG ANBIETEN. Wann immer sich die Gelegenheit dazu bietet, kann man die Teammitglieder unterstützen:
- Konfliktklärungen innerhalb des Teams
- Flexibilisierung der Arbeitszeiten
- Förderung der Kompetenzen

> ANSATZPUNKTE FÜR TEAMTRAINERINNEN UND -TRAINER:
> POSITIVES FEEDBACK FÜR ALLE
>
> Bei einem guten Training wechseln sich konzentrierte Anspannung mit kreativer Entspannung ab. Sonst wird es entweder zu anstrengend oder zu diffus. Nach »Kritik ohne Angriff« bietet sich ein wertschätzendes Spiel an: Jedes Teammitglied schreibt seinen Namen auf eine Karte. Dann teilt sich das Gesamtteam in zwei Untergruppen (bei großen Teams drei Untergruppen) auf. Die Gruppen tauschen jetzt die eigenen Namenskarten mit den Namenskarten der anderen Gruppe. Jede Untergruppe überlegt sich jetzt gemeinsam für jedes Mitglied der anderen Gruppe ein Geschenk. Dieses wird auf die Namenskarte geschrieben und dann anschließend im Plenum überreicht. Selbstverständlich gibt es keine realen, sondern fiktive Geschenke. Man braucht deshalb nicht zu sparen und kann großzügig Ferienhäuser, Traumreisen (sehr beliebt), neue Freunde/Freundinnen, Kinder, Autos, Zauberkugelschreiber und Wundermaschinen, die Arbeit erleichtern (ebenfalls sehr beliebt), verschenken. Obwohl die Geschenke nicht real sind, spüren alle Beteiligten die gute Absicht und das Interesse der Kollegen. Ein teamstärkendes Spiel, das besonders vor Weihnachten geeignet ist.

Teamflüchter: Distanz zum Team – Egotrip statt Teamgeist

Unglückliche Verhaltensweisen Einzelner bremsen das Team. Das muss von diesen nicht unbedingt so beabsichtigt sein – aber es ergibt sich vielleicht schon deshalb, weil man über die Bedürfnisse seiner Teamkollegen noch nie so richtig nachgedacht hat. Vielleicht sind auch eigene Emotionen zu wenig bekannt: zum Beispiel der Widerwille gegen Gruppenzwänge oder der Wunsch nach Geborgenheit innerhalb einer solidarischen Gemeinschaft. – Im Folgenden stelle ich mehrere Teamflüchter vor, die ihre Teams einer gewaltigen Geduldsprobe unterziehen. Zu jeder Situation gibt es eine kurze Analyse und einen Vorschlag für das Emotionsmanagement.

»ICH HABE ES DOCH NICHT BÖSE GEMEINT ...« – DER ROLLTREPPENBLOCKIERER VERGISST SEINE KOLLEGEN

BEISPIEL: EGOTRIP STATT ABSTIMMUNG

Viel Zeit hat Herr Meier für die Neuorganisation des Sekretariats aufgewendet. Das Ablagesystem wurde radikal verändert und der PC neu strukturiert. Eigentlich eine sinnvolle Tätigkeit – wenn Herr Meier die Veränderungen mit seinen beiden Kolleginnen abgestimmt hätte. In seinem Eifer hat er das aber vergessen. Die sind jetzt sauer, da sie die abgelegten Vorgänge nicht mehr finden, und sprechen von einer riesigen Anmaßung, die sich Herr Meier geleistet hätte. Dieser versteht die Welt nicht mehr, rechtfertigt sich mit »Ich habe es doch nicht böse gemeint ...« und außerdem hätten sich doch die Kolleginnen ständig über das bisherige Ablagesystem beklagt.

Anscheinend strukturiert Herr Meier sein Umfeld ausschließlich nach seinen Bedürfnissen – die Bedürfnisse seiner Mitmenschen nimmt er nicht zur Kenntnis. So gut gemeint die Arbeit auch gedacht war, letztlich war es nur ein Egotrip.

»DIE ANDEREN SIND SO RÜCKSICHTSLOS!« Herr Meier verhält sich wie ein Rolltreppenfahrer in einem Kaufhaus, der nach der Fahrt plötzlich auf der Plattform stehen bleibt und – völlig in sich versunken – darüber nachdenkt, ob er zuerst die Oberbekleidung oder die Haushaltswaren ansteuern soll. Die anderen Rolltreppenbenutzer, die hinter ihm zusammengequetscht werden und nicht weiterkommen, interessieren sich aber nicht für seine persönlichen Reflexionen.

Klar, dass sie ihn, da er ihnen den Weg versperrt, treten und auf die Seite schieben. Nur der Getretene selbst versteht die Zusammenhänge nicht. Narzisstisch wie er ist, sieht er sich nur als unschuldiges Opfer: »Die anderen sind so rücksichtslos!« Tatsächlich ist er aber ebenfalls ein Täter, da er seinen Mitmenschen rücksichtslos den Weg versperrt.

DER ROLLTREPPENBLOCKIERER LERNT NICHT AUS SEINEN MISSERFOLGEN. Grundsätzlich fehlt dem Rolltreppenblockierer die Fähigkeit, sich in komplexere Systeme – ob Menschen oder Arbeitsabläufe – hineinzuversetzen. Obwohl er selbst regelmäßig Rolltreppe fährt, ignoriert er das Prinzip dieses Verkehrsmittels nach einem reibungslosen Ablauf. Wenn er mit etwas beschäftigt ist, vergisst er alles um sich herum. Irrtümlich geht er davon aus, dass seine Bedürfnisse mit denen seines Umfelds automatisch zusammenfallen müssten.

Wegen dieser blind unterstellten Gemeinsamkeit bemerkt er nicht, dass er sein Team massiv stört. Er ist ein Teamflüchter wider Willen. Die vielen Tritte und Schläge, die er in seinem Leben bisher bezogen hat, müssten ihn eigentlich eines Besseren belehren. Aber warum lernt der Rolltreppenblockierer nicht aus seinen Misserfolgen? – Weil er nicht versteht, dass er selbst die Konfliktursache ist.

Er wollte »doch nur« überlegen, ob ... Jedenfalls hatte er keine böse Absicht, deshalb kann er auch nicht schuld sein. Dann lächelt er die Kollegen freundlich an und beteuert naiv, dass doch alles in bester Ordnung sei. Diese Uneinsichtigkeit kann ein Team zur Weißglut bringen.

Der Rolltreppenblockierer ist eine tragische Persönlichkeit, da er oft (für ihn unerwartete) Konflikte bekommt, obwohl er niemandem schaden wollte. Sie finden ihn nicht nur im Kaufhaus, sondern auch häufig im Straßenverkehr und – vielleicht auch in Ihrem Team. Da er mit gut gemeinten Arbeitseinsätzen öfter gescheitert ist, kann er misstrauisch und feindselig werden. Er sieht sich dann als Opfer und kann in seinem Umfeld nur noch Gegner erkennen.

Mit Schuldvorwürfen dürften Sie bei dem Rolltreppenblockierer wenig erreichen, da er im besten Fall wahrscheinlich mit »Ja aber, das habe ich doch nicht böse gemeint« reagieren wird. Vielleicht versucht er einen Gegenangriff, indem er Ihnen Ihre angeblichen Unzulänglichkeiten nachzuweisen versucht. Damit vermeidet er wieder den Blick auf die Ursache-Wirkungs-Zusammenhänge und lernt wieder nichts. Der Rolltreppenblockierer ist eben ein störrisches, schwerfälliges Nilpferd in Reinform.

EMOTIONSMANAGEMENT BEIM ROLLTREPPENBLOCKIERER

DIALOGVORSCHLÄGE FÜR »KRITIK OHNE ANGRIFF«

Einfühlung: »Ich finde es eigentlich gut, dass du unser Büro umorganisieren willst. Es ist nicht schön für dich, dass du dir viel Arbeit gemacht hast und jetzt trotzdem Ärger bekommst.«

Klarheit: »Wenn du unser Büro umorganisierst, dann kannst du zwar schneller arbeiten, aber wir brauchen sehr viel Zeit, um die Vorgänge zu finden ... Du solltest uns deshalb bei solchen Fragen miteinbeziehen. Du hättest unbedingt vorher mit uns sprechen sollen ...«

> **Unterstützung:** »Mach doch bis zur nächsten Teamsitzung eine Übersicht für die Arbeitsverteilung bei Projekt X, dann können wir darüber reden …«

Der Rolltreppenblockierer schätzt meistens, wenn man ihm sein Verhalten erklärt, ohne ihn zu treten. Geduld zahlt sich bei ihm aus, denn eigentlich hat er »es doch nicht böse gemeint …«.

ANSATZPUNKTE FÜR TEAMTRAINERINNEN UND -TRAINER:
MIT ROLLTREPPENBLOCKIERERN EINZELGESPRÄCHE FÜHREN

Wenn ein Rolltreppenblockierer starken Leidensdruck verspürt, weil er trotz seines Engagements im Team immer nur Ablehnung erfährt, dann sollten Sie ihm ein Einzelgespräch vorschlagen. Sie bringen ihn damit aus der Schusslinie und ermöglichen ihm, stressfrei über die eigene Rolle im Team nachzudenken. Schreiben Sie auf einem Flipchartbogen in die linke Spalte seine Interessen und Bedürfnisse und in die rechte die des Teams. In der Mitte trennen Sie beides mit einem deutlichen Strich. Dann lassen Sie ihn den Bogen ausfüllen. Anschließend ergänzen oder korrigieren Sie seine Einschätzungen gemeinsam mit ihm. Die Widersprüche werden so sichtbar und vielleicht versteht er jetzt, wo und warum er die Kollegen gestört hat. Leiten Sie daraus eine zukünftige Handlungsstrategie ab und stellen Sie diese bei der nächsten Teambesprechung vor. Das Team wird versöhnungsbereit, wenn es spürt, dass der Rolltreppenblockierer die Vorwürfe ernst nimmt.

»ICH MACHE DAS BESSER ALLEIN …« – DER »SPEZIALIST« IST EIN EINZELKÄMPFER

Spezialisten sind nur dann geschätzt, wenn sie sich nicht in den Elfenbeinturm ihres Spezialgebiets zurückziehen. Denn dort verkommt ihr Engagement zur Geheimniskrämerei.

»Ich mache das besser allein ...«

> **BEISPIEL: FREISCHWEBENDES SPEZIALISTENTUM**
>
> Herr Spitze ist 30 Jahre alt und mit vier gleichgestellten Kollegen Entwicklungsingenieur in einer Maschinenbaufirma. Obwohl er sehr hilfsbereit ist, meidet er Besprechungen und Teamsitzungen. Sein Spezialgebiet ist die Datenverarbeitung. Hier ist er unschlagbar. Häufig sieht man ihn am Sonntag an seinem Arbeitsplatz, wo er ungestört Programme optimiert. Die Kollegen müssen sich dann am Montag umständlich in die veränderten und angeblich verbesserten Einstellungen der Computer hineinarbeiten, was gelegentlich zu Verärgerungen führt. Herr Spitze schreibt dann zusätzlich spezielle individuelle Einstellungen, um den Kollegen die Arbeit zu erleichtern. Allerdings beteiligt er andere nie am Entstehungsprozess der Programmierung, sondern liefert mit der Bemerkung »Ich mache das besser allein ...« nur fertige Ergebnisse ab. Die Kollegen werden damit von ihm abhängig, da sie bei Störungen nicht wissen, wie sie allein die Programmierungen verändern können. – Aufgrund seiner Fähigkeiten fühlt sich Herr Spitze auf seinem Posten überqualifiziert. Die Firmenleitung hat eine Beförderung bisher nicht erwogen, da sie ihm keine Leitungskompetenz zutraut.

Meint Herr Spitze es wirklich gut mit seinen Kollegen? Aufgrund seiner Hilfsbereitschaft könnte man dies vermuten. Auf der anderen Seite monopolisiert er sein Wissen, indem er niemanden an der Entwicklung seiner Programme teilhaben lässt.

WORAN KANN MAN DEN »SPEZIALISTEN« ERKENNEN? Ein Spezialist arbeitet am liebsten allein. Die Arbeit ist ihm zeitweise wichtiger als sein Privatleben. Bei Teamsitzungen fehlt er oft wegen »dringender Termine«. Meetings, Coaching oder gar Gruppendynamik sind ihm unangenehm. Wenn er ihnen nicht entgehen kann, lässt er sie regungslos über sich ergehen. Tendenziell legt er seine Arbeitszeiten so, dass er möglichst wenig Kontakt mit seinen Kollegen hat.

Trotz seiner Freundlichkeit sind die Beziehungen zu seinen Kollegen oberflächlich. Diese wissen häufig nicht, »wie sie bei ihm dran sind«. Er neigt dazu, Emotionen mit technischen und mathematischen Denkmodellen zu erklären. Fühlt sich beispielsweise jemand von ihm gekränkt, dann fordert er dafür den Beleg objektiv nachweisbarer Fakten.

Besondere Freude empfindet er, wenn er um Rat gefragt wird, da er mit seiner Kompetenz besonders gut glänzen kann. Es ist dann schwierig, seinen Redefluss zu stoppen.

Manchmal bringt sich der Spezialist völlig überraschend (und vielleicht auch unpassend) mit Theoriediskussionen ins Team ein. Er zieht zum Beispiel eine wissenschaftliche Analyse aus der Tasche oder fordert eine Debatte über juristische Fragestellungen ein … – ohne jedoch im Team auf großes Interesse zu stoßen. Das bestätigt ihn in seiner elitären Haltung, dass das Team intellektuell unterentwickelt sei. Er träumt von einer Karriere, möglichst ohne lästige Kollegen.

MEIN KOLLEGE IST EIN NERD. Für den besessen engagierten, aber emotional schwer zugänglichen Experten hat sich der Begriff »Nerd« eingebürgert. »Nerd« ist die Abkürzung für: »**n**on **e**motionally **r**esponding **d**ude« (engl. auf emotionaler Ebene nicht ansprechbarer Typ). Ein Nerd ist an folgenden möglichen Eigenschaften zu erkennen:
- Der Nerd liebt klar strukturierte Systeme, die im Gegensatz zu wechselhaften Emotionen überschaubar und berechenbar sind. Kunst, Theater, Politik, Kultur – alles, was nicht klar einzuordnen ist, interessiert ihn dagegen kaum. Meistens ist er ein absoluter Technikfreak.
- Da er sich über gesellschaftliche Wertfragen keine Gedanken gemacht hat (angeblich fehlt ihm dazu die Zeit), übernimmt er aus Bequemlichkeit (ohne innere Überzeugung) bevorzugt klassisch-konservative Positionen. Nur im Bereich der Technik ist er immer auf dem aktuellsten Stand.

- Er ist fast immer hilfsbereit und oberflächlich-freundlich. Mit dieser unbewussten Taktik vermeidet er von vornherein Probleme mit den Kollegen.
- Da er nur wenige Emotionen zum Arbeitsplatz mitbringt, ist er für Kolleginnen und Kollegen schwer einzuschätzen. Wenn Gefühle fehlen, gibt es Verständigungsschwierigkeiten. Wird der Nerd tendenziell als »emotional tapsig« gesehen, dann will man ihm nicht zu nahetreten und akzeptiert sein Distanzbedürfnis. Manchmal kommen aber Zweifel auf, ob der Nerd wirklich so freundlich ist, wie er sich darstellt. Oder ist er abgehoben und arrogant? Trotz aller Freundlichkeit – der Nerd kann auch verunsichern.
- Nur in der selten auftretenden Extremform der »Alexithymie« (= Unfähigkeit Gefühle wahrzunehmen – der Begriff wurde von Peter Sifneos geprägt) spürt der Nerd seine eigenen Gefühle und die seiner Umwelt überhaupt nicht. Das löst bei ihm extreme Orientierungsschwierigkeiten aus. Denn ohne Gefühle kann man die Reaktionen seiner Mitmenschen nicht nachvollziehen.
- An Kunden hat der Nerd nur wenig Interesse, da diese für ihn fachlich »so inkompetent« sind. Falls er sich einmal zur Beratung die Zeit nimmt, ist er oberflächlich freundlich. In komplexe Fragestellungen des Kunden kann er sich nur schwer hineindenken. Damit hängt zusammen, dass selbst seine technisch perfektesten Produkte wider Erwarten kein Verkaufsrenner werden. Aufgrund seiner Kommunikationsdefizite braucht der Nerd unbedingt einen unterstützenden Verkäufer, damit seine Produkte marktfähig werden.
- Der Nerd ist meist männlich. Manchmal versuchen Frauen, den angeblich vorhandenen »weichen Kern der Emotionen« unter seiner »harten Schale« herauszulocken und sagen: »Sei mal spontan, lass dich doch darauf ein. Es gibt so viel Schönes neben deiner Arbeit ...« Da der Nerd – schon laut Definition – Emo-

tionen nur schwer erfassen kann, fühlt er sich sofort bedrängt. Schnell springt er wieder in sein Territorium zurück, auf dem er sich absolut sicher fühlt: die Technik. Da der Nerd sich in seinen beruflichen Erfolgen sonnen kann, und deshalb über ein passables Einkommen verfügt, hat er in der Regel wenig Bedürfnis sich zu verändern. Im Großen und Ganzen ist er mit sich zufrieden. »Alles okay« oder »Passt schon« sind deshalb seine Lieblingsformulierungen.

WIE GEHT MAN MIT SOLCHEN »SPEZIALISTEN« UM? Der »Spezialist« ist zwar dickfellig wie ein Nilpferd, aber irgendwann doch zu kränken. Wenn er sich beleidigt fühlt, stellt er alle Hilfeleistungen für Kollegen ein und wartet so lange, bis sie ihm Abbitte leisten. Der »Spezialist« muss deshalb sorgsam wie ein rohes Ei behandelt werden. Ohne seine Arbeitsleistung verliert das Team, trotz gelegentlichen Ärgers, an Qualität. Kritik kann er schwer aushalten, schließlich sieht er sich als anerkannten Experten. Seine Kommunikationsunfähigkeit, die ihn bisher von Beförderungen ausgeschlossen hat, ist ihm nicht bewusst.

EMOTIONSMANAGEMENT BEIM »SPEZIALISTEN«

DIALOGVORSCHLÄGE FÜR »KRITIK OHNE ANGRIFF«
Einfühlung: Es ist sehr schwer Einfühlung für diejenigen aufzubringen, die sich stark zurückziehen, eventuell andere abwerten und sich selbst verschließen. Gut möglich, dass man mit ihnen gar nichts zu tun haben möchte. Zugegeben, um eine Arbeitssituation zu verbessern, muss man manchmal »über den eigenen Schatten springen«. Aber vielleicht können Sie dem »Spezialisten« wenigstens kurz andeuten, dass Sie seine Fachkenntnisse schätzen und ihn deshalb gern mehr in das Team einbinden würden – falls er das überhaupt möchte. Vielleicht erfahren Sie jetzt etwas über seine Gefühle zum Team. Daraus könnte sich (zum ersten Mal?) ein kurzes, halbwegs persönliches Gespräch ergeben.

Klarheit: Teambedürfnisse visualisieren hilft oft weiter. Bitten Sie den »Spezialisten« um eine Beschreibung seiner Tätigkeiten. Wenn er dabei (wie zu erwarten) die Verknüpfungen zum Team übersieht, ergänzen Sie die erforderlichen Kontakte. Als Ergebnis hat er dann ein »Team-Beziehungs-Schaltbild« vor sich, das wichtige Team-Rückkopplungen aufzeigt.

Unterstützung: Am besten ist es, Lob und Kritik zusammen auszusprechen. Beim »Spezialisten« erreichen Sie Veränderungen nur, wenn Sie ihn loben und zugleich auf Verbesserungschancen hinweisen. Das ist vor allem dann kein billiger Trick, wenn er fachliche Qualitäten vorzuweisen hat. Etwa so: »Ich finde dein neues PC-Programm absolut super, aber du könntest es noch optimieren, wenn du es mit uns genauer abstimmen würdest.«

Manchmal ist es hilfreich, wenn man sich auf die Denkweise des »Spezialisten« einstellt. Wenn er ein Technikfreak ist, kann der Arbeitsauftrag in technische Begriffe gepackt werden: Teambeziehungen präzisieren, Zusammenarbeit justieren, Feedbackprozesse unterstützen, Regelabläufe überprüfen … Vielleicht akzeptiert er dann Ihre Argumente rascher.

ANSATZPUNKTE FÜR TEAMTRAINERINNEN UND -TRAINER:
TEAMFLÜCHTER EINBINDEN

Experten sind tendenziell Teamflüchter. Emotionen sind für sie »Kleinkram«, die den Blick auf die großen Aufgaben verstellen. Gute Experten haben gerade wegen ihres geringen Interesses am Team einen weiten strategischen Überblick, den Sie als Teamtrainerin oder Teamtrainer nutzen können. Fragen Sie Experten vor dem Team nach langfristigen Perspektiven der Einrichtung: Chancen, Risiken und Handlungsstrategien. Gute Experten sind stolz darauf, wenn sie ihre Kompetenzen vor einem Forum darstellen können. So nutzen Sie deren Kompetenz und binden diese stärker in das Team ein.

»NUR ICH VERTEIDIGE DEN QUALITÄTSSTANDARD!« – DER »WEISSE RABE« BRAUCHT SICHERHEIT

Um einiges radikaler als der »Spezialist« in seinem Elfenbeinturm ist der »weiße Rabe«. (Das Bild des »weißen Raben« entstammt der griechischen Mythologie. Der ursprünglich weiße Rabe wurde von Apollo geschwärzt, weil er diesem eine schlechte Nachricht überbrachte. Der weiße Rabe ist nach der Mythologie das Original.)

> **BEISPIEL: ELITÄRE PRINZIPIEN STATT DIALOGBEREITSCHAFT**
>
> Herr Huber ist Lehrer an einer Realschule. Im Team der Fachkollegen ist er selten anzutreffen, da er deren Qualitätsansprüche an einen guten Unterricht für zu gering einschätzt. Seiner Meinung nach sind strenge Notengebung, Disziplin und exakte Beachtung der Dienstvorschriften das A und O des Schulalltags. Deshalb sieht er sich häufig Schüler- und Elternbeschwerden ausgesetzt. Dann rechtfertigt er sich mit dem Argument: »Nur ich verteidige den Qualitätsstandard der schulischen Bildung!« Im Kollegium besitzt Herr Huber eine Außenseiterrolle. Er selbst hat sich schon des Öfteren als einziger »weißer Rabe unter lauter schwarzen Raben« bezeichnet. Mit seinen rigiden Vorstellungen passt er nur schwer in eine Schule, die sich Flexibilität und individuelle Förderung zum Ziel gesetzt hat. Außerdem hintertreibt er mit Anspielungen gegenüber den Schülern die pädagogischen Bemühungen seiner Fachkollegen. Da er sich zusätzlich gemeinsamen Planungen und Diskussionen möglichst entzieht, wird er für das Kollegium zunehmend zur Belastung.

WORAN KANN MAN DEN »WEISSEN RABEN« ERKENNEN? »Weiße Raben« gibt es nicht nur bei Lehrern, man findet sie überall. Der »weiße Rabe« arbeitet folgendermaßen:
- Er greift einen Themenschwerpunkt des Arbeitsfelds heraus und stellt diesen über alles andere.

- Er verengt den Arbeitsauftrag auf sein Lieblingsthema, neben dem er nichts anderes gelten lässt. Er ist ein Prinzipienreiter.
- Häufig ist der »weiße Rabe« rigide, formalistisch, autoritär und ein »Law-and-order-Typ«. Seine Wertvorstellungen sind tendenziell fundamentalistisch.
- Er be- und entwertet seine Kollegen nach der Richtschnur seiner Kriterien.
- Kritik gleitet an ihm ab. Stattdessen sieht er sich als leuchtendes Vorbild: »Nur ich verteidige den Qualitätsstandard!«
- Indem er sich als einzigartigen Supermann (oder Superfrau) darstellt, beleidigt er seine Kollegen, ohne dass ihm das in der Regel bewusst ist.
- Seine eigene Unfähigkeit zu kommunizieren sieht er nicht.
- Oft gefällt er sich in der Rolle des Märtyrers, der nur wegen seiner Prinzipienstrenge und Charakterstärke ausgegrenzt werde.
- In der Politik würde man den weißen Raben als Rechtspopulisten bezeichnen.

PRINZIPIEN GEBEN SICHERHEIT. Der »weiße Rabe« ist etwas Besonderes – eine Albinoversion seiner schwarzen Artgenossen. Obwohl Raben eigentlich schwarz sind, macht er sich keine Gedanken darüber, dass eigentlich er verkehrt sein könnte. Deshalb ist er ein Einzelkämpfer.

Seine Einsamkeit trägt er meist mit Fassung. In ihr entwickelt er seine Prinzipien, um Sicherheit im als chaotisch empfundenen Arbeitsalltag zu finden. Seine sogenannten »Qualitätsstandards« sind fundamentalistische Fixpunkte, die ihm zur Orientierung dienen. Ohne diese schwimmen ihm Ziele und Perspektiven weg. Eigentlich steht der »weiße Rabe« mit dem Rücken an der Wand. Er ist schlicht überfordert, wenn er sich mit seinen Kollegen differenziert austauschen soll, ohne in ein »Schwarz-Weiß-Denken« zu verfallen. Seine Kommunikationsunfähigkeit zwingt ihn deshalb zum Rückzug in den »Elfenbeinturm« seiner Überheblichkeit.

Da der »weiße Rabe« sich selbst aus dem Team herausnimmt ist er ein einerseits Teamflüchter. Andererseits aber genießt er oft die Angriffe aus dem Team. Sie bestärken ihn in der Vorstellung, dass er einzigartig und allen überlegenen sei: Viel Feind, viel Ehr. Da er die (negative) Aufmerksamkeit auf der Teambühne braucht, wird er indirekt doch noch zum Teamsucher. Er betreibt vehement seine eigene Ausgrenzung aus dem Team, damit er als Teammitglied wahrgenommen wird. Klingt verrückt, ist es auch. Lieber grenzt er sich selbst aus, anstatt von den Kollegen ausgegrenzt zu werden. Damit erspart er sich präventiv demütigende Erfahrungen der Ablehnung, die er wahrscheinlich in seinem Leben schon öfter erlebt hat.

WIE GEHT MAN MIT EINEM »WEISSEN RABEN« UM? Da sich der »weiße Rabe« so fest an seine Prinzipien klammert, macht es wenig Sinn, ihm diese auszureden. Vor allem sollte man ihm ein »Tribunal« vor dem Team oder dem Kollegium ersparen, da er sich dann wahrscheinlich nur in den Wahn seiner Überlegenheit flüchtet. Vielleicht fühlt er sich gemobbt und beschwert sich beim Personalrat. Obwohl er selbst »kräftig austeilt«, wenn er zum Beispiel seine Kollegen beurteilt, wird er rasch leidend, wenn er selbst einer kritischen Bewertung unterzogen wird. Statt einem Dialog kann dann eine lähmende Auseinandersetzung über angeblich erlittene Kränkungen entstehen.

EMOTIONSMANAGEMENT BEIM »WEISSEN RABEN«

DIALOGVORSCHLÄGE FÜR »KRITIK OHNE ANGRIFF«

Einfühlung: »Die vielen Auseinandersetzungen, die Sie hier im Team zu führen haben, sind sicherlich anstrengend für Sie, oder?«, »Empfinden Sie es tragisch, dass Sie zwar viel kämpfen, aber mit Ihren Ideen irgendwie nicht durchkommen?«

Klarheit: Testen Sie die Argumentationsstärke des »weißen Raben«. Lassen Sie ihn exakt begründen, warum er auf seinen Prinzipien besteht. Sie setzen ihn damit unter Zugzwang, bringen ihn aus seiner Opferrolle und nötigen ihn zum Nachdenken. Vorsicht Falle: Lassen Sie sich vom »weißen Raben« nicht provozieren und zu persönlich kränkenden Äußerungen verleiten (»Schreibtischtäter«, »Faschist« oder Ähnliches). Mit klaren, sachlichen Nachfragen schneiden Sie ihm den Weg ab, wenn er sich wieder einmal als verkannter und gekränkter Kämpfer für die »richtige Sache« aufzuspielen versucht. Denn auf diese Hintertür wartet er bereits, um sich ohne Gesichtsverlust und mit Gegenangriffen den Anschuldigungen zu entziehen.

Unterstützung: Vielleicht findet das Team zur Verbesserung der Zusammenarbeit einige Brücken, die es ihm bauen kann: zum Beispiel kleinere Zugeständnisse oder die präzisere Regelung von Arbeitsabläufen. – Stellen Sie aber bei Grundsatzfragen emotionslos und sachlich Ihre Gegenposition dar. »In der Sache fest, aber in der Form flexibel« lautet dann Ihre Handlungsstrategie.

»AN MIR LIEGT ES NICHT! ICH ERLEDIGE MEINE ARBEIT!« – DER »MINIMALIST« SCHIEBT EINE RUHIGE KUGEL

BEISPIEL: DIE ARBEIT IST NICHT EINFACH – ABER MAN KANN ES SICH EINFACH MACHEN

Frau Y arbeitet als Altenpflegerin im Schichtdienst in einem Altenheim. Die zwei Stationen umfassen nur wenige Betten, damit den Pflegekräften ausreichend Zeit für Einzelgespräche und Gruppenaktivitäten mit den zum Teil verwirrten Bewohnern bleibt. Das anspruchsvolle Betreuungskonzept schlägt sich in einem hohen Pflegesatz nieder. Während die Kolleginnen von Frau Y sich redlich um Gespräche mit den zu Pflegenden bemühen, um sie zu kleineren Freizeitaktivitäten und Rehabilitationsmaßnahmen zu motivieren, beschränkt sich Frau Y auf die allernotwendigsten Tätigkeiten: Aufräumen, Essen und Medikamente verteilen. Ihre Arbeit schafft sie deshalb relativ schnell. Im Gegensatz zu ihren Kolleginnen hat sie

> sich zahlreiche Entspannungszeiten geschaffen. Da sie zusätzlich grundsätzlich wenig Interesse an Teamarbeit zeigt, behindert sie die Arbeit ihrer Kolleginnen doppelt: Sie verhindert die Abstimmung im Team und blockiert die Motivation der älteren Menschen. Eine von der Heimleitung anonym durchgeführte Befragung hat ergeben, dass einige Angehörige mit den Betreuungen unzufrieden sind. Sie vermissen eine gezielte pädagogische Förderung der Bewohner. Die Beschwerden werden in einer Teamsitzung diskutiert. Frau Y schiebt alle Verantwortung mit dem Satz beiseite »An mir liegt es nicht! Ich erledige meine Arbeit!«.

Die grundsätzliche Frage ist hier: Was ist eigentlich die zu erledigende Arbeit? Anscheinend gibt es dazu unterschiedliche Ansichten. Der Arbeitgeber, die Angehörigen und die Kolleginnen fordern gezielte Motivationsarbeit, damit der Lebensabend der Bewohner nicht zu eintönig wird. Der hohe Pflegesatz verpflichtet zudem zu hohem Engagement. Einzig Frau Y reicht eine minimale Grundversorgung. Sie ist eine »Minimalistin«, die alle an sie gestellten Ansprüche ignoriert und gerade so viel arbeitet, damit nach außen der Schein von Aktivität halbwegs gewahrt werden kann. »Ich erledige meine Arbeit!« ist wörtlich zu nehmen: Ich erledige nur, was ich für notwendig erachte.

Sie zieht nicht mit am gemeinsamen Strang, sondern klinkt sich aus – zulasten der Kolleginnen. Teamarbeit ist ihr lästig, denn sie bedeutet Zusammenarbeit, Abstimmung, Verantwortung, Koordination und viele Gespräche. Dem »weißen Raben« ist sie ähnlich, da sie an sich selbst ohne Abstriche glaubt und die Kollegen nicht besonders schätzt. Im Gegensatz zu diesem fehlt ihr allerdings das Sendungsbewusstsein. Ihr reicht es, wenn sie in Ruhe gelassen wird und möglichst wenig arbeiten muss. Den Begriff Team übersetzt sie auf ihre eigene Art:

T = Toll **A** = Anderer
E = Ein **M** = Macht's

Frau Y kann die Bewohner des Altenheimes nicht motivieren, da sie selbst nicht motiviert ist. Anscheinend fehlt ihr die Fähigkeit, sich in andere Menschen hineinzuversetzen: Sie kann nicht spüren, was es bedeutet, wenn bei den Senioren durch Motivationsarbeit noch etwas Lebensfreude geweckt wird. Deshalb findet sie in ihrer Arbeit weder Sinn noch Freude. Ihr Minimalismus kann auch von einer persönlichen Beziehungsstörung ausgelöst sein: ihrer Gruppenunfähigkeit und ihrem Mangel an Einfühlungsvermögen. Vielleicht würde ihr eine Therapie helfen, andere Menschen zu verstehen, um dann eigene Lebensziele zu finden. Solange sie aber ihr eigenes Problem nicht erkennt, lebt sie auf Kosten anderer.

WORAN KANN MAN EINEN »MINIMALISTEN« ERKENNEN? Der »Minimalist« ist ein Schmarotzer, da er Arbeit auf die Kollegen abwälzt. Er wahrt nach außen halbwegs den Schein und leistet nicht mehr, als unbedingt erforderlich ist:

- Bei Teambesprechungen ist er häufig verhindert, entweder durch »dringende Termine« oder durch Krankheit.
- Wenn er bei Teambesprechungen anwesend sein sollte, sind seine Redebeiträge emotionslos und schwer zu greifen.
- Zu seinen Kollegen ist er nicht besonders herzlich, aber auch nicht unfreundlich. Er fällt am Arbeitsplatz wenig auf und versucht nirgends anzuecken. Er will einfach nur seine Ruhe.
- Er erledigt seine Arbeitsaufträge schleppend und ohne Tiefe. Termine außer Haus kombiniert er gern mit privaten Bedürfnissen.
- Fachlich ist er uninformiert. Unvorstellbar, dass er in seiner Freizeit berufsbezogene Literatur lesen könnte.
- Nur für einen schlechten Witz hält er die Aussage, dass Arbeit Spaß machen kann.
- Er ist sich seiner Faulheit zumindest teilweise bewusst. Deshalb achtet er sorgfältig darauf, dass man ihm formal keine Arbeitsverweigerung nachweisen kann, denn er hat einen ausgeprägten Selbsterhaltungstrieb. Nichts fürchtet er so sehr wie einen Ter-

min beim Chef wegen Arbeitsverweigerung. Denn das würde für ihn Ärger bedeuten und dem geht er lieber aus dem Weg.
- Er wechselt ungern die Arbeitsstelle. Wenn er glaubt, eine Nische gefunden zu haben, bleibt er ihr lange treu.
- Rege Aktivitäten entfaltet er in der Freizeit. Die Arbeit hingegen nützt er ausschließlich zur Geldgewinnung. Sein Leben hat er in Phasen von »gut« (= Freizeit) und »schlecht« (= Arbeit) eingeteilt.
- Manchmal neigt der »Minimalist« zum stillen Drogenkonsum. Wenn er sich genötigt sieht, die Arbeitszeit nur abzusitzen, ist er schnell so gefrustet, dass er den Trost alkoholischer Getränke zu schätzen weiß.

EMOTIONSMANAGEMENT BEIM »MINIMALISTEN«

DIALOGVORSCHLÄGE FÜR »KRITIK OHNE ANGRIFF«

Einfühlung: »Sie wirken so gelangweilt – geht es Ihnen schlecht?«, »Für mich wäre es schlimm, wenn ich den Tag so absitzen müsste wie Sie. Ohne Engagement wäre für mich alles nervtötend!«

Klarheit: Im Gegensatz zum »weißen Raben« ist der »Minimalist« mit einer offenen Konfrontation vor den Teammitgliedern oder der Firmenleitung zu schrecken. Wenn ihm die Arbeitsaufträge klar benannt werden, ist er gezwungen, sein Arbeitspensum zu erhöhen. Der »Minimalist« wird wahrscheinlich nie ein engagiertes Teammitglied werden, aber die Arbeitsleistung ist noch in Maßen zu steigern.

Unterstützung: Dem Minimalisten fehlt es häufig an Struktur und Selbstdisziplin. Übersichtliche Arbeitspläne und klar gegliederte Terminübersichten können ihm helfen, den Job besser zu erledigen.

Wehe den Bewohnern, Patienten oder Kunden, wenn mehrere Minimalisten zusammenarbeiten. Darum geht es im nächsten Beispiel.

»UNSER TEAM LÄUFT GANZ GUT, WEIL WIR UNS AUS DEM WEG GEHEN« – TEAM AUF DISTANZ

Obwohl sich anscheinend viele in diesem Team »ganz gut« fühlen, hat es gleich drei Probleme:
- Erstens: Es arbeitet nicht zusammen – alle arbeiten nebeneinander her.
- Zweitens: Es merkt nicht einmal, dass es nicht als Team funktioniert.
- Drittens: Es entwickelt keinerlei Initiativen, um die Arbeitssituation zu verbessern.

Das ==»Team auf Distanz«== ist gemeinsam gelebter Minimalismus. Da niemand dem anderen »in die Karten schauen« kann oder will, braucht man sich für die Qualität seiner Arbeit nicht zu rechtfertigen. Gegenseitige Fehlerkontrolle und Feedback sind abgeschaltet, existieren nicht. Entsprechend dürftig werden vermutlich die Arbeitsergebnisse sein.

Häufig entsteht ein »Team auf Distanz«, ==wenn interne Konflikte ungelöst bleiben, aber niemand den Mut findet, die Arbeitsstelle zu kündigen.== Es ist das resignative Ergebnis fallengelassener Ansprüche und Hoffnungen. Kurzfristig schont es die Nerven, da man möglichen Reibungspunkten von vornherein aus dem Weg geht. Langfristig wird die Arbeit als trostlos und nervtötend empfunden. Solidarisch ist das Team nur dann, wenn neugierige Vorgesetzte oder engagierte Kollegen abgewehrt werden müssen. Dann »läuft es eigentlich ganz gut«.

WORAN KANN MAN EIN »TEAM AUF DISTANZ« ERKENNEN?
- Jeder »wurstelt« sich als Einzelkämpfer durch den Berufsalltag.
- Aufgrund der Distanz kommt es häufiger zu Missverständnissen oder fehlerhaften Absprachen. Das stört aber niemanden so stark, dass man die Teamstrukturen grundlegend verbessern würde.

- Die Arbeitsanforderungen sind eher niedrig oder Qualitätsarbeit wird weder von der Leitung noch von den Kunden gefordert und geschätzt. Deshalb kann auf die Zusammenarbeit verzichtet werden.
- Einige Teammitglieder gehen sich aus dem Weg, da ihnen manche der Kollegen unsympathisch sind. Typische Formulierungen sind dann: »Warum soll ich mich ärgern? Ich kann ohnehin nichts ändern. Wenn ich zur Arbeit gehe, dann schalte ich um auf Nordpol. Die eisige Luft tut mir gut!«
- Organisationsberatung oder Supervision wird von der Teammehrheit vehement abgelehnt, da dafür aus ihrer kein Bedarf besteht. Außerdem fühle man sich so überlastet(?), dass für Gesprächsrunden keine Zeit übrig sei. Wozu auch, man sei doch zufrieden!

> **EMOTIONSMANAGEMENT: IST DIESES TEAM NOCH ZU RETTEN?**
>
> Hier sind die Emotionen so weit weg, daher gibt es für engagierte Kollegen nicht viel zu managen – hier gibt es keine Lösung. Obwohl das Team offensichtlich nicht arbeitsfähig oder arbeitswillig ist, hat es damit keinen Problemdruck. Wer sollte dann etwas verändern wollen? Vielleicht irgendwann einmal der Arbeitgeber – aber bis dahin ist noch Zeit.
>
> Wenn Sie es als neues Teammitglied trotzdem versuchen, dann müssen Sie damit rechnen, dass das Team sich auf Ihre Kosten gegen Sie zusammenschließt. Das wäre dann seit Langem die erste gemeinsame Aktivität. Vielleicht finden Sie aber stattdessen wenigstens einen teamfähigen Menschen, mit dem Sie sich gelegentlich treffen können. Denn ganz ohne Team – das wäre doch wirklich zu traurig.

Und natürlich gibt es auch hier etliche Strategien, die eine Führungskraft verfolgen kann.

STRATEGIEN FÜR FÜHRUNGSKRÄFTE

Ein »Team auf Distanz« ist keine Eintagsfliege. Die Resignationen haben sich meist über Jahre hinweg aufgebaut. Wie konnte es dazu kommen? Wo liegen mögliche Ursachen?
- Das »Team auf Distanz« arbeitet schon seit Langem ohne Konzept und Stellenbeschreibung beziehungsweise es hält sich nicht daran.
- Es hat noch keine Qualitätssicherung erlebt oder sich bisher darum herumgemogelt.
- Selbst engagierte Mitarbeiter wurden bisher immer angepasst oder aus dem Team geekelt beziehungsweise rausgemobbt.
- Das Team wurde früher von Führungskräften vernachlässigt.

Das »Team auf Distanz« ist für jede Führungskraft eine große Herausforderung, da es sich seiner Schwächen größtenteils nicht bewusst ist (»Unser Team läuft ganz gut …«). Nicht selten erbt man es von einem Vorgänger, der seine Arbeit ebenfalls nicht sehr ernst genommen hat. Wenn die Teamschwächen früher akzeptiert wurden, dann gerät die engagierte neue Führungskraft schnell in die Rolle des »Miesmachers«, die »plötzlich unerfüllbare« Forderungen stelle. Folgende Handlungsstrategien sind trotzdem denkbar:
- Die Unzufriedenheit ist eine Kraft! Unterstützen Sie Mitarbeiter, die mit der aktuellen Arbeitssituation unzufrieden sind – selbst wenn die Kritik ungeschickt und polternd eingebracht wird. Alles ist jetzt besser als die selbstzufriedene Trägheit!
- Fordern Sie Qualität ein! Verordnen Sie dem Team Klausurtage, damit das Team mit Ihnen, einem Supervisor oder einem Trainer eine Konzeption erstellt beziehungsweise die bestehende überarbeitet. Lassen Sie das Team Arbeitsziele mit Erfolgs- und Misserfolgskriterien benennen. Leiten Sie daraus eine Ist-Analyse mit Verbesserungsvorschlägen ab.

- Falls Sie damit keine Erfolge erzielen sollten, können Sie das Team auflösen, indem Sie mehrere Mitarbeiter in andere Abteilungen versetzen und zumindest teilweise neues Personal einstellen. Falls das Team die Problemlage nicht erkennen sollte, dann werden die Versetzungen konfliktreich verlaufen.
- Wenn Sie nur die Teamleitung auswechseln, kann es sein, dass diese sich nicht gegen die alten minimalistischen Teamstrukturen durchsetzen kann und in unglücklichen Machtkämpfen zermürbt wird. Vielleicht meistert die neue Teamleitung die schwierige Aufgabe, wenn sie Einzelsupervision erhält.

ANSATZPUNKT FÜR TEAMTRAINERINNEN UND -TRAINER: ZIRKULÄRE FRAGEN NUTZEN

Das »Team auf Distanz« ist eine der härtesten Nüsse, die man als Teamtrainer haben kann. Da es nur in Ruhe gelassen werden möchte, empfindet es das Training als lästige Störung und lässt Sie seine Ablehnung deutlich spüren. Nehmen Sie diese Abwehr nicht persönlich! Sie ist beim »Team auf Distanz« die Grundeinstellung. Vielleicht kommen Sie mit zirkulären Fragen etwas weiter: »Angenommen, Sie machen eine super Arbeit. Woran würde man das merken?« Diese Frage klingt zunächst unverfänglich positiv und entspricht dem selbstgefälligen Eigenbild. Beim Beantworten wird man sich in Widersprüche verwickeln. Diese sollten sie mutig aufgreifen. Sie können nur gewinnen!

Teamsucher: Nähe zum Team – Zu hohe Erwartungen an die Gemeinschaft

Das weiß jeder Gärtner. Es gibt mindestens zwei Möglichkeiten, um eine schöne Pflanzung zu ruinieren:
- Man gibt ihr kein Wasser und sie vertrocknet.
- Man setzt sie unter Wasser und sie verfault.

==Ein Garten braucht die richtige Pflege – nicht zu viel und nicht zu wenig.== Sonst können nur noch extreme Außenseiter überleben. Im ersten Fall die Kakteen, im zweiten Fall die Seerosen.

==Ähnliches gilt für ein Team: Es braucht Pflege.== Kurzfristig kann es Phasen mit zu viel oder zu wenig Emotionen ganz gut durchstehen – langfristig sind beide Extreme schädlich. Besitzt ein Team zu viele eigenwillige Teamflüchter, die statt dem Teamgeist ihren Egotrip pflegen, zerfällt die Gemeinschaft bald in seine Einzelteile. Dann gibt es keine Abstimmungen mehr, der Informationsfluss leidet und es schleichen sich bei der Arbeit zahlreiche Fehler ein. Irgendwann ist das Team überhaupt nicht mehr handlungsfähig. Andererseits können zu viele Emotionen ein Team schädigen. Wenn zu viele emotionale Wünsche und Bedürfnisse in das »kleine Schiffchen« Team gekippt werden, dann wird es schnell untergehen und verzweifelte Schiffbrüchige zurücklassen.

Es gibt also mindestens zwei Richtungen, von denen ein kreatives Team abgebremst werden kann. Der erste Teambremsentyp zerstört durch zu viel Distanz, der zweite durch zu viel Nähe.

Im Folgenden werden besonders tragische Teammitglieder vorgestellt. Eigentlich wollen sie »das Beste« für sich und die Gemeinschaft. Ihr unreflektiertes Engagement bringt allerdings mehr Schaden als Nutzen.

»ICH GEBE MEIN BESTES, ABER NIEMAND SCHÄTZT ES!« – BURNOUT

> **BEISPIEL: LOHNT SICH DAS ENGAGEMENT?**
>
> Frau Meier ist mit viel Schwung in ihre neue Arbeitsstelle als Regionalvertreterin eingestiegen. Ohne auf ihre Arbeitszeit zu achten, steht sie ständig für die Anfragen der Kollegen und Kunden zur Verfügung. Die Umsätze haben sich deshalb etwas verbessert. Da sie jede Aufgabe flott und elegant erledigt, wird sie rege in Anspruch genommen. Sollte sie sich nicht in den Büroräumen aufhalten, ist sie über ihr Smartphone permanent auch privat erreichbar. Sie gibt wirklich »ihr Bestes«.
>
> Nach zwei Jahren Betriebszugehörigkeit möchte sie privat eine Chance nutzen und ein Ferienhaus erwerben. Damit ihr das Schnäppchen nicht entgeht, fordert sie von ihrem Arbeitgeber kurzfristig eine Bürgschaft über 100 000 Euro. Dieser zögert mit der Zusage, da vorher noch einige Grundsatzfragen zu klären seien. Daraufhin schaltet Frau Meier ihr Smartphone ab und geht nicht mehr zur Arbeit. Der Arbeitgeber erwägt eine Abmahnung wegen unentschuldigtem Fernbleiben vom Arbeitsplatz.

Für Frau Meier ist das Zögern des Arbeitgebers eine abgrundtiefe Kränkung, die einen Burnout auslöst. Schließlich wollte sie von ihrer Firma keine finanziellen Geschenke, sondern nur(?) unbedingtes Vertrauen in Form einer Bürgschaft über 100 000 Euro. Hat nicht der Vorstand selbst immer die Vertrauensgemeinschaft beschworen, die Mitarbeiter und Firma fest verbinden würde? Da sie selbst für die Firma immer »ihr Bestes« gegeben hat, fühlt sie sich jetzt im Stich gelassen und verraten. Nach einer Weile klagt sie sich zusätzlich selbst an: »Was war ich naiv, dass ich das Vorstandsgefasel von der Vertrauensbeziehung ernst genommen habe!« Ihr plötzliches unentschuldigtes Fernbleiben zeigt Ärger, Trotz und Enttäuschung.

Ich bin immer etwas irritiert, wenn jemand behauptet, in der Arbeit »das Beste« zu geben. Denn was ist »das Beste«: die Gesundheit, die Persönlichkeit, Werte, Glaube, Liebe und Freundschaft? Ich kann mir nicht vorstellen, dass man diese persönlichen Highlights in ein sachliches Arbeitsverhältnis steckt und dem Privatleben, dem Partner, der Familie und den Hobbys vorenthält. Könnte es nicht ausreichen, wenn man der Firma sein Zweitbestes zukommen lässt: zum Beispiel Interesse, fachliche Qualifikation, Organisationsgeschick, Verantwortungsgefühl und Leistung?

Kollegen, die behaupten »ihr Bestes« zu geben, neigen zu Täuschung oder Enttäuschung. Täuschung ist, wenn man sein absolutes Engagement (bewusst oder unbewusst?) nur vorspielt, um sich Kritik nicht anhören zu müssen: Da ich schon »mein Bestes« gebe, hat niemand das Recht, mir Vorwürfe zu machen! Ich stehe deshalb über den Dingen und werde mich nicht verändern. »Ich gebe mein Bestes« wird dann zur Schutzbehauptung beziehungsweise zu einer Form des Totstell-Reflexes.

Wer hingegen wirklich glaubt, in der Arbeit »das Beste« zu geben, riskiert, stark enttäuscht zu werden. Denn bei aller Freude, die man am Arbeitsplatz haben kann und sollte, stehen Interessen des Unternehmens und die Bedürfnisse der Zielgruppen im Vordergrund. In einer Arbeitsstelle geht es um einen bezahlten und deshalb zu erledigenden Arbeitsauftrag und erst dann um Persönlichkeitsentfaltung. Ein Team ist nur eine Leistungsgemeinschaft. Das erfährt man schmerzlich, wenn wegen knallharter ökonomischer Faktoren die Arbeitsbedingungen verschlechtert werden. Noch schlimmer, wenn die eigene Arbeitsstelle abgebaut oder der ganze Betriebsteil verkauft wird. Dann wird schmerzhaft deutlich, dass der Arbeitgeber unter »dem Besten« etwas anderes versteht als man selbst. Unter diesen Bedingungen ist es zumindest fraglich, ob man »sein Bestes« (und »Letztes«?) geben sollte, da man im Tausch zwar Geld und vielleicht Prestige, aber wahrscheinlich nichts Gleichwertiges zurückbekommt. Bringen Sie »Ihr Bestes« besser für sich selbst ein.

ANZEICHEN FÜR »ZU VIEL GEBEN – ZU WENIG BEKOMMEN«: Geben und Nehmen sind unausgewogen, wenn man das Gefühl hat, dass das gegebene »Beste« zu wenig geschätzt wird. Wer Opfer der eigenen überhöhten Ansprüche wurde, merkt das zum Beispiel an folgenden Emotionen:

- Ein diffuses **Gefühl von Ungerechtigkeit** könnte darauf hinweisen, dass man sich innerlich betrogen fühlt, ohne sich das konkret einzugestehen. Wer ahnt, dass er für »sein Bestes« (in Form von Engagement) nicht genügend Anerkennung und Wertschätzung erhält, sucht sich unter Umständen Sündenböcke, auf die er seinen Ärger abladen kann. Oder man verliert die Orientierung und ist schnell ausgebrannt.
- **Ungeduld** kann ein Zeichen dafür sein, dass die Arbeitsergebnisse oder die berufliche Wertschätzung mit dem erbrachten persönlichen Einsatz nicht Schritt halten. Unglücklicherweise macht man dann manchmal dafür ungerechterweise unbeteiligte Kollegen verantwortlich.
- **Überanstrengung**, häufig schon wegen Kleinigkeiten, kann ein Anzeichen dafür sein, dass man mehr gegeben hat, als man verkraften konnte.
- **Arbeitshemmungen** sind ebenfalls ein Zeichen von Sinnkrisen. Noch kürzlich als bereichernd erlebte Dienstreisen werden dann zum Beispiel nur noch als Stress und Zeitverschwendung empfunden.

EMOTIONSMANAGEMENT: DIE EIGENEN GRENZEN BEACHTEN!

Engagement braucht Grenzen – sonst ist man bald zu keinem weiteren mehr fähig. Machen Sie den Check für Ihre Arbeitsstelle:
- Schauen Sie sich Firma, Mitarbeiter, Vorgesetzte und Arbeitsaufgaben genau an. Sind diese es wirklich wert, dass Sie »Ihr Bestes« bekommen?
- Würden Sie »Ihr Bestes« gegen Geld (Arbeitslohn) verkaufen?

- Wie viel sind Sie wirklich bereit in Ihre Arbeitsstelle einzubringen, was wollen Sie für sich behalten?
- Wie groß ist Ihr Handlungsspielraum? Wie groß ist Ihr persönlicher Einfluss auf den Erfolg Ihrer Arbeit? Wer ist daran noch beteiligt? Welchen Anteil haben Sie daran zu verantworten?
- Würden Sie Teile Ihrer jetzigen bezahlten Arbeit ehrenamtlich verrichten? Wenn ja – welche Rahmenbedingungen würden Sie dann fordern?
- Wo ziehen Sie die Grenzen zwischen Arbeits- und Privatleben?
- Welche Alternativen haben Sie zu Ihrem jetzigen Arbeitsverhältnis?
- Abschlussfrage: Stimmt bei Ihnen noch das Verhältnis von Geben und Nehmen?

»ICH WILL DOCH NUR DEIN BESTES ...« – EIN TEAM IST KEIN FAMILIENERSATZ

KOLLEGEN WOLLEN NICHT ADOPTIERT WERDEN.

> BEISPIEL: »WIE BEI MEINER MUTTER!«
>
> »Früher hatte ich zu meiner Kollegin ein ganz gutes Verhältnis. Ihr Lebensstil hat mir gut gefallen. Ihr Haus war zwar nur ein gewöhnliches Reihenhaus, aber der Garten war richtig schön verwildert. War ich bei ihr mal zu Besuch, da hat sie mir immer etwas zu essen aufgenötigt. Das war mir wirklich zu viel. Dann hat sie mir noch Äpfel aus dem eigenen Garten mitgegeben, das war wie bei meiner Mutter, da kam ich ohne zwei Äpfel nicht weg. Aber ich habe auch einen Fehler, ich bin so schulmeisterlich – ich verbessere sie ständig, das ist schon auch ein Fehler von mir.« Sozialarbeiter, Ende 20, Geschäftsführer eines kleinen Vereins für Hortarbeit, beschreibt seinen Konflikt zu seiner ehrenamtlichen Vereinsvorsitzenden, Sozialarbeiterin, Ende 40.

Hier geht es eigentlich nicht um Äpfel, sondern um das Thema Mutter und Sohn. Zwar sind die Witzseiten der Illustrierten voller Anspielungen auf Liebe im Büro, aber weit mehr läuft auf der mütterlichen (und väterlichen) Ebene. Im genannten Beispiel hätte die ehrenamtliche Vereinsvorsitzende gern einen mütterlichen – keinen sexuellen – Kontakt zu ihrem jugendlichen Angestellten. Das würde ihrem Leben einen neuen »Kick« verpassen und sie persönlich aufwerten. Aber dieser wehrt die Annäherungsversuche mit Schulmeisterei gewaltsam ab. Es kommt zum Konflikt, ohne dass den beiden die Gründe dafür bewusst sind.

Aber auch älteren Männern geht es häufig nicht besser. Viele von ihnen träumen von einer jungen Kollegin, die sie auf Dienstgängen begleitet. Unterstellen wir ihnen, dass sie keine sexuellen Absichten hegen, sondern sich nur im Glanz der Jugend sonnen möchten. Vielleicht erhoffen sie sich, dass ihr »Lebenswerk« von der jungen Kollegin fortgesetzt wird. Schön wäre es für sie, wenn die Jugend sich den »weisen« Alten unterordnen würde.

Frohgemut wollen sie ihren jahrzehntealten Erfahrungsschatz(?) ihrer jungen Kollegin vermachen – aber die schlägt das Erbe glatt aus. Sie geht auf Distanz und kritisiert die vom älteren Kollegen geleistete Arbeit, nur um sich der unerwünschten Zudringlichkeit zu erwehren. Sie versteht die angebotene Unterstützung als Anweisung zur Unterordnung. Sie rebelliert und die emotionale Verstrickung kippt so unbemerkt in eine inhaltliche Auseinandersetzung um. Tabuisierte Gefühlsambivalenzen finden sich dann auf dem neuen Schlachtfeld der Arbeitsorganisation oder Zielfindung wieder.

Als dritte und vierte Variante gib es noch die Beziehungen Mutter–Tochter und Vater–Sohn. Bei allen vier Strukturen besteht das Risiko, dass die Energiequelle der Konflikte den betreffenden Personen nicht bewusst ist: die unterschiedlichen Wünsche nach Nähe und Distanz. Der Streit wird dann zum Selbstzweck – man wehrt sich, weiß aber nicht so richtig gegen was. Bei diesem Schattenboxen sind starke emotionale Verletzungen zu erwarten.

ZEICHEN FÜR FAMILIENSTRUKTUREN AM ARBEITSPLATZ:
- Kollegen kommen während ihres Urlaubs »auf einen Plausch« in die Firma.
- Abwehr und Distanzierungen von Kollegen, für die sich nur wenige rationale Sachargumente finden.
- Intensive Wünsche nach Wertschätzung gegenüber Kollegen beziehungsweise das Beklagen von Undankbarkeit.
- Hohe Altersunterschiede im Team. Sie begünstigen tendenziell Konflikte nach dem Muster Mama, Papa und Kind.
- Wenn Sie ein Kollege oder eine Kollegin besonders nervt, kann es auch daran liegen, dass Sie ihn oder sie unbewusst als Mutter oder Vater wahrnehmen.
- Werden Sie hellhörig, wenn die Formulierung fällt »Ich will doch nur dein Bestes …«. Dann dürften Emotionen mitschwingen, die über die Bewältigung der Alltagsarbeit weit hinausgehen.

VIELE TEAMS ÄHNELN FAMILIEN: Grundsätzlich sind Arbeitsstellen versorgende Einrichtungen. Sie sichern den Lebensunterhalt mit regelmäßigen Gehaltszahlungen und strukturieren mit Arbeits- und Urlaubszeiten das Leben. Für viele sind sie deshalb ein ähnlich wichtiger Anker wie die Familie. Außerdem erfährt man am Arbeitsplatz häufig Nähe, Zuneigung und Bestätigung. So wird, vor allem wenn Teammitglieder keinen großen Freundeskreis besitzen, die Arbeitsstelle tendenziell ein Familienersatz. Und selbst für gut Verheiratete gilt: Man verbringt mit den Kollegen mehr Zeit als zu Hause im Kreis seiner Lieben. Die Muster von Familienstrukturen, die wir alle seit unserer Kindheit verinnerlicht haben, beeinflussen deshalb die Dynamik in vielen Betrieben. Wenn Arbeitsbeziehungen zu scheitern drohen, ohne dass wirklich schwerwiegende inhaltliche »Knackpunkte« im Vordergrund stehen, sollten Sie sich überlegen, ob in Ihrem Team vielleicht unbewusst ein Familienkonflikt mitschwingt.

Oft merkt man erst kurz vor der Pensionierung, dass ohne Beruf irgendetwas im Leben fehlen könnte: Sicherheit, Struktur, Beziehung, Wertschätzung, Sinn und vieles mehr. Aber dann ist das Berufsleben fast vorbei.

FAMILIE UND ARBEITSVERHÄLTNIS: Die Spielregeln in den Systemen »privat« und »beruflich« sind verschieden:

FAMILIE	ARBEITSVERHÄLTNIS
Jeder leistet kostenlos für das Gemeinwohl.	Die eigene Arbeitskraft wird gegen Geld verkauft.
»Prinzip Gemeinsamkeit«: Der Interessenausgleich zwischen den Familienmitgliedern sollte im Vordergrund stehen.	Der Käufer (Arbeitgeber) gibt letztlich die Bedingungen vor. Er muss dafür keinen Konsens innerhalb der Mitarbeiterschaft herstellen.
Eine Familie ist auf Dauer gegründet (so lautet jedenfalls der Anspruch bei der Trauung). Das gibt Sicherheit.	Es gibt Zeitverträge und reguläre Kündigungen. Fehlverhalten führt zu Abmahnung und Kündigung.
Emotionen werden oft spontan geäußert, taktisches Verhalten ist unerwünscht. Dafür werden Ungeschicklichkeiten (hoffentlich) schnell verziehen.	Emotionen sollten nur dann spontan geäußert werden, wenn dadurch die Arbeitsbeziehung nicht leidet. Emotionale Missverständnisse, die zum Beispiel durch »schlechte Scherze« ausgelöst wurden, können Arbeitsbeziehungen langfristig schädigen.

Vor allem Spontaneität und Geld unterscheiden die Familie vom Arbeitsverhältnis.

EMOTIONSMANAGEMENT ZUR BEZIEHUNGSKLÄRUNG

DIALOGVORSCHLÄGE FÜR »KRITIK OHNE ANGRIFF«

Einfühlung: »Es tut mir leid, wenn ich sehe, wie Sie sich hier aufarbeiten – das haben Sie nicht verdient!«, »Ich spüre Ihren Ärger und Ihre Enttäuschung – wie wurden die denn ausgelöst?«

Klarheit: »Hängen Sie die Latte Ihrer emotionalen Zufriedenheit nicht zu hoch. Je mehr Aufmerksamkeit und Sensibilität Sie sich von Ihren Kollegen wünschen, desto höher ist das Risiko, dass Sie enttäuscht werden. Bei geringeren Erwartungen sind Sie weniger leicht verletzbar!«, »Denken Sie an Ihren emotionalen Selbstschutz!«

»Kindliche, mütterliche und väterliche Gefühle sind keine Schande. Manchmal sind sie im Teamalltag höchst lästig – gelegentlich aber sogar sehr befruchtend.«

Unterstützung: »Wie wollen Sie in Zukunft Beruf und Freizeit trennen?«, »Wie können wir nach einer Beziehungsklärung zur Sachebene zurückfinden?«

ANSATZPUNKT FÜR TEAMTRAINERINNEN UND -TRAINER:
EIN PERSPEKTIVWECHSEL ZEIGT GEHEIME TEAMWÜNSCHE

Welche Bedeutung hat die Arbeit im Leben? Sieht man sich in ihr tendenziell als spielender Stratege oder als Familienmensch? In gewissen Grenzen ist beides möglich. Oder möchte man, wie der Minimalist, nur einfach mit möglichst wenig Aufwand viel Geld verdienen? Sieht man sich als kreativer Gestalter oder als Gefangener? Mit einem Perspektivwechsel erfahren Sie geheime Sichtweisen und Wünsche. Fragen Sie die Teammitglieder: »Angenommen, Sie machen überraschend eine riesige Erbschaft. Unter welchen Bedingungen (Arbeitszeit, Tätigkeitsfeld) könnten Sie sich vorstellen, dass Sie hier weiterhin ehrenamtlich tätig wären? Oder würden Sie überhaupt nicht mehr (hier) arbeiten?«

»Was-wäre-wenn-Fragen« legen die heimlichen Bedürfnisse offen: Was würde man alles verändern, wenn man könnte! Die Wünsche sind meist da, die Erbschaft leider nicht. Wunschlos unglücklich sind nur diejenigen, die sich in einem Arbeitsstraflager sehen: »Wissen Sie, da mache ich mir gar keine Gedanken. Die Erbschaft kommt sowieso nicht! Ich muss halt weitermachen.«

»MEIN KOLLEGE IST EIN WOHL-TÄTER« – KONFLIKTVERMEIDUNG

BEISPIEL: EIGENTOR – ABER GUT GEMEINT

Frau Huber ist als Lehrerin einer Grundschule mit zwölf Unterrichtsklassen für den Stundenplan zuständig. Jede Klasse wird von einer Klassenlehrerin oder einem Klassenlehrer geführt und besitzt ihr eigenes Klassenzimmer. Acht dieser Unterrichtszimmer liegen zur stark befahrenen Straßenseite, vier hingegen zur ruhigen Hofseite. Verständlich, dass jeder ein Zimmer zum Hof bevorzugt. Im Laufe des Schuljahrs versuchen deshalb einige Lehrkräfte mit Einzelgesprächen bei Frau Huber für das kommende Schuljahr zu erreichen, dass ihnen bei der Neuverteilung der Unterrichtsräume ruhige Hofzimmer zugeteilt werden. Da Frau Huber Konflikten gern aus dem Weg geht, macht sie nacheinander sieben Lehrkräften das Zugeständnis zu einem Hofzimmer. Mit Beginn des neuen Schuljahrs schlägt aber die »Stunde der Wahrheit«: Es fehlen drei Hofzimmer, die sie zugesagt hatte. Drei Lehrer muss sie jetzt enttäuschen. Diese sind so wütend auf sie, dass sie sie öffentlich als unfähig bezeichnen und eine weitere Zusammenarbeit ablehnen.

So grotesk das Beispiel klingt, der »Wohl-Täter« ist oft anzutreffen. Ihm sind gute und harmonische Beziehungen wichtiger als das Nachdenken über die vorhandenen und begrenzten Ressourcen. Für den Arbeitsfrieden ignoriert er die Gesetze der Logik. Für ihn gilt die paradoxe Aussage: Wer sich nicht in Gefahr begibt, der kommt in ihr um. Feigheit macht sich nicht bezahlt, denn Interessenkonflikte lassen sich nicht wegharmonisieren.

WORAN ERKENNT MAN EINEN »WOHL-TÄTER«? Der »Wohl-Täter« meint es zwar immer gut, ist aber trotzdem ein Täter, da er seinen Kollegen letztlich schadet. Man erkennt ihn an folgendem Verhalten:

»Mein Kollege ist ein Wohl-Täter« – Konfliktvermeidung

- Er sucht Anerkennung. Mit seinen »Wohl-Taten« möchte er gefallen.
- Ihm ist es unangenehm, jemandem einen halbwegs begründeten Wunsch abzuschlagen.
- Er lässt sich ungern festlegen.
- Da er die öffentliche Auseinandersetzung scheut, trifft er viele Regelungen bevorzugt im Zweiergespräch.
- Er lässt sich Versprechungen abhandeln, die er langfristig nicht einhalten kann.
- Er versteht nicht, warum er immer Ärger auf sich zieht. Er hatte es doch »nur gut gemeint«.
- Er fühlt sich häufig verunsichert. Deshalb versucht er, zukünftig Konflikte noch mehr zu vermeiden.

EMOTIONSMANAGEMENT BEIM »WOHL-TÄTER«

Sie sind der »Wohl-Täter«:

- Versuchen Sie nie Entscheidungswege abzukürzen, indem Sie Fragestellungen, die alle angehen, diskret in der Zweierrunde lösen. Man wird Ihnen später mindestens »Mauscheleien«, wenn nicht gar Betrug vorwerfen.
- Machen Sie sich Ihre Handlungsgrenzen bewusst und legen Sie diese gegenüber Ihrem Fragesteller offen.
- Äußern Sie Verständnis für die Wünsche der Fragesteller, aber versprechen Sie nie mehr als Sie verantworten können.
- Delegieren Sie lieber Entscheidungen an die nächste Mitarbeiterkonferenz, bevor Sie sich ins Unrecht setzen.

Sie sind das potenzielle Opfer des »Wohl-Täters«: Da der »Wohl-Täter« in der Regel an seine guten Absichten glaubt, darf man ihm keinen Betrug unterstellen. Er wäre sonst zu Recht ernstlich beleidigt.

DIALOGVORSCHLÄGE FÜR »KRITIK OHNE ANGRIFF«
Einfühlung: »Ich weiß, du hast es gut gemeint und wolltest allen helfen«, »Der Ärger, der entstanden ist, ist jetzt sicherlich schlimm für dich.«

Klarheit: »Den Schaden hast du selbst verursacht, weil du dem Konflikt aus dem Weg gegangen bist«, »Wenn du so weitermachst, dann wirst du immer wieder ähnliche Schwierigkeiten bekommen!«

Unterstützung: Folgende Handlungsstrategie kann helfen. Versuchen Sie Ihren »Wohl-Täter« zukünftig so weit zu bringen, dass er seine Zusagen schriftlich bestätigt. Am besten schon einen Textentwurf mitbringen.
Oder schreiben Sie nach dem Gespräch mit dem »Wohl-Täter« darüber eine kurze Aktennotiz, die Sie ihm und vielleicht auch anderen Kollegen mailen. Wenn er dieser nicht widerspricht (beim »Wohl-Täter« unwahrscheinlich), können Sie dies als Zustimmung werten. Die Aktennotiz ist zwar nicht so verbindlich wie eine Unterschrift, legt den »Wohl-Täter« aber trotzdem fest.
Machen Sie die Geheimniskrämerei Ihres »Wohl-Täters« nicht mehr mit. Informieren Sie Ihre Kollegen über die Gespräche mit ihm.

»ICH ARBEITE FÜR UNS UND NICHT FÜR DEN!« – BEST-AGER: MIT 60 GEGEN DEN FORMALISMUS REBELLIEREN

Mit 60 Jahren noch einmal rebellieren? Warum nicht? Die Erfolgschancen stehen günstig. Wie sind die Ausgangsbedingungen? Mit 60 ist die »Rushhour of life«, wie man den Zeitraum von 25 bis 50 Jahren nennt, schon lange vorbei. Karriere und Kindererziehung sind jetzt nicht mehr angesagt. Wenn man sich in einem sozialen Netz etabliert hat, kann man sich lustbetont den eigenen Überzeugungen widmen. Es entstehen neue Freiheitsräume, die kreativ genutzt werden können – wenn man sie erkennt. Deshalb spricht man von dieser Lebenszeit nicht zu Unrecht vom »besten Alter« und macht die Angehörigen dieser Zeitspanne zum Best-Ager. Zahlreiche Studien belegen, dass es dieser Altersgruppe nie so gut ging wie heute. Das sind die Gründe dafür:

- Mit 60 Lebensjahren führt man keine anstrengenden Konkurrenzkämpfe mehr. Wozu auch? Die Stelle, auf der man sitzt, wird man wahrscheinlich bis zum Arbeitsende behalten. Aufsteigen wird man jetzt sowieso nicht mehr.
- Wer schon seit Langem eine Arbeitsstelle mit regulärem Arbeitsvertrag besitzt, steht arbeitsrechtlich auf soliden Beinen als junge Neueinsteiger, die häufig längere Arbeitszeiten, geringere Bezahlung und weniger Urlaub bekommen. Zudem gibt es einen längeren Kündigungsschutz.
- Aus dem Kündigungsschutz lässt sich eine Narrenfreiheit ableiten. Was soll denn passieren? Das schafft Spielräume, die man dazu nutzen kann, seine Positionen offensiv darzustellen. Man kann auch ein offenes Wort gegenüber seinen Vorgesetzten riskieren.
- Die eigenen Kinder haben bereits das Haus verlassen oder haben so viel Selbstständigkeit erlangt, dass man sich nicht mehr viel um sie kümmern muss. Hier entfallen Stress und Verantwortung. Wenn Kinder auswärts studieren oder arbeiten ergeben sich zusätzlich neue Reiseziele.
- Die finanzielle Situation hat sich (hoffentlich) entspannt. Die im Lauf der Jahre entstandenen Ersparnisse haben ein (mehr oder minder großes) Sicherheitspolster wachsen lassen. Manche haben das Eigenheim bereits abbezahlt.
- Manchmal sind bei den 60-jährigen Krankheiten seltener als bei den 20-jährigen. Das verdanken sei der Fitnessbewegung und der verbesserten Gesundheitsversorgung.
- Als Best-Ager braucht man sich nicht als »altes Eisen« zu fühlen. Einerseits gibt es Klagen über Rückenschmerzen, schlechtere Augen und Ohren. Andererseits freut man sich über die Lebenserfahrung, die ein effektiveres Handeln ermöglicht: Die Jungen sind zwar schneller, aber die Alten kennen dafür die Abkürzungen.

- Viele ältere Mitarbeiter haben in Jahrzehnten beruflich ein Beziehungsnetz aufgebaut. Angreifer können schneller als in jungen Jahren abgewehrt werden.
- Das Beste: Die heute 60-jährigen sind seit Langem die erste Generation, die keinen Krieg erlebt hat! Die emotionalen Belastungen in Schützengräben oder bombardierten Städten blieben ihnen erspart. Das bedeutet weniger Psychostress. 60-jährige sind deshalb heute fitter und sehen besser aus als ihre Vorfahren im gleichen Lebensalter.

Fazit: Mit 60 Jahren ist man stark. Abhängigkeiten haben abgenommen, Erfahrungen wurden gewonnen und die Gesundheit ist noch halbwegs stabil. Bei dieser guten Bilanz besteht kein Grund sich für sein Alter zu schämen. Im Gegenteil: Kann man nicht stolz auf seine Lebensleistung sein? Kann man, aber dann sollte man auch auf die eigenen Fähigkeiten vertrauen, um dem Teufelskreis der Selbstabwertung zu entgehen: Wer sich selbst als »alten Baum« bezeichnet, den man nicht mehr verpflanzen könne, wird so unflexibel werden wie starres Holz. Man kann sich aber auch als langsam gewachsenen Baum sehen, der viele Früchte trägt.

> **BEISPIEL BEST-AGER: »ICH ARBEITE FÜR UNS UND NICHT FÜR DEN!«**
>
> Frau Müller ist 60 Jahre alt und unterrichtet seit Jahrzehnten Englisch an einer Realschule. Sie vermeidet Frontalunterricht, bildet Arbeitsgruppen und diskutiert in der Fremdsprache mit den Schülerinnen aktuelle Fragestellungen zu Großbritannien und den USA. Für ihre Schüler, die sie mehrfach zur Vertrauenslehrerin gewählt haben, hat sie in den letzten Jahren mehrere Projekte gestartet: einen Theaterworkshop, eine Begrünungsaktion des Schulhofs und Sprachreisen. Da sie den Lehrplan mit einem lebendigen Unterricht gut in Einklang bringen kann, wurde sie von ihrer ehemaligen Schulleiterin zur Fachbetreuerin befördert. Ihr Aufgabenfeld ist es seitdem

> alle Englisch-Aktivitäten an der Schule zu organisieren. Im Kollegium hat sie mehrere Feste organisiert und dadurch viele Freunde gewonnen. Es gibt aber auch Kollegen, die sie als »zu schülerfreundlich« kritisieren. Da Frau Müller sich für Kolleginnen und Schüler zugleich sehr interessiert und überall Kontakte knüpft kann man sie als Teamsucherin bezeichnen.
>
> Vor drei Jahren hat sie sich an ihrer Schule vergeblich um die Schulleitungsstelle beworben. Die bekam ein Lehrer, den sie als »Apparatschick« bezeichnet. Darunter versteht sie einen Funktionär, der im Auftrag des Kultusministeriums mit Druck fantasielos Strukturen durchzieht. Er selbst sieht sich jedoch als fähiger Experte für Organisations- und Rechtsfragen. Dieser Schulleiter möchte Frau Müller für die Lehrraumeinteilung und die Stundenplanung einbinden. Frau Müller möchte aber lieber weiterhin kreative Projekte organisieren. Ihren Kollegen sagt sie »Ich arbeite für uns und nicht für den!«. Wegen dieser Weigerung versucht der Schulleiter daraufhin, Frau Müller die Theaterarbeit zu untersagen. Im Kollegium regt sich Widerstand: Soll die lebendige und kreative Schulatmosphäre zerstört werden? Wird jetzt von oben ein sprödes Law-and-order-Regime eingeführt? Einige Kollegen versprechen daraufhin Frau Müller, sie gegen die Schulleitung zu unterstützen.

In diesem Konflikt prallen Teamflüchter und Teamsucher aufeinander. Teamflüchter haben zwar für eine emotionsarme und formalistische Schulleitung keine großen Sympathien, das würde ihrem Naturell widersprechen, nutzen jedoch, wenn vorteilhaft, gern deren klare Strukturen und gelegentlich gewährte Vergünstigungen. Für Teamsucher jedoch wäre Frau Müller eindeutig die bessere Schulleitung gewesen. Wahrscheinlich war sie aber den Entscheidungsträgern im Ministerium zu spontan und unberechenbar. Deshalb bekam die Stelle ein Mann, der mit seinem Formalismus Distanz zum Team hält und nach oben hin absolut loyal ist. Loyalität sticht oft soziale Kompetenz. Auch der Schulleiter selbst setzt auf Loyalität: Wer bei seinen Vorgaben mitmacht, bekommt Privilegien. Wer sich weigert, wird ausgebremst. Patriarchalische Systeme haben immer so funktioniert.

Die Schule wird sich jetzt polarisieren: Auf der einen Seite der Schulleiter mit seiner (begrenzten) Amtsbefugnis und einigen mehr oder minder stummen Unterstützern im Kollegium. Auf der anderen Seite Frau Müller mit ihren lebendigen Anhängerinnen. Der Showdown wird nicht lange auf sich warten lassen. Jetzt ist es wichtig, dass Frau Müller nicht zufällig in diesen Konflikt hineinrutscht. Ein böses Wort ergibt dann das andere und der Konflikt schaukelt sich unkontrolliert auf. Das könnte die ganze Schule zum Absturz bringen. Wenn Frau Müller rebellieren möchte, dann muss sie sich vorher über ihre Emotionen Rechenschaft ablegen. Was hat sie vor und welchen Preis ist sie bereit, dafür zu bezahlen? Ohne Stress und Ärger wird es nicht abgehen.

MÖGLICHE MOTIVE FÜR DIE REBELLION: Es können ganz unterschiedliche Motive zugrunde liegen.

- **Kampf für eigene Werte:** Frau Müller hat seit Jahrzehnten mit kreativen Projekten für eine lebendige Schulkultur gesorgt. Sie setzt sich für die Werte Selbstverwirklichung und Selbstbestimmung ein. Sie ist auf die von ihr gesetzten Impulse stolz und hofft, dass diese in die Gesellschaft positiv hineinwirken. Man lernt für das Leben und nicht für die Schule. Ihre Lehrtätigkeit sieht sie als gesellschaftspolitisches Engagement, das sie sich von einem »Apparatschick« nicht kaputt machen lassen will. Insgeheim hofft sie darauf, dass ihre Ideale an ihrer Schule auch dann noch weiterleben, wenn sie bereits im Ruhestand ist.
- **Feminismus:** Sie will bei Männern nicht klein beigeben. Als junge Lehrerin fühlte sich Frau Müller öfter genötigt problematische Entscheidungen ihrer männlichen Vorgesetzten zu akzeptieren. Heute ärgert sie sich darüber, dass sie damals zu viel nachgegeben hätte. Gefühlsarme Männer hätten ihre Kreativität und die der

Schüler erdrückt. Jetzt mit 60 Lebensjahren fühlt sie sich zum Widerspruch stark genug. Sie ist nur noch einige Jahre an der Schule und glaubt, nichts mehr zu verlieren zu haben.
- **Ehrenvoller Ruhestand:** Aber Frau Müller hat doch etwas zu verlieren: einen guten Abgang. An ihrem letzten Schultag vor der Pensionierung will sie sich bei Schülern und Kolleginnen – der Schulleiter ist ihr wahrscheinlich egal – weder als Feigling noch als Querulantin verabschieden. Sie will als authentische Lehrerin mit Herz und Kopf geschätzt werden, die immer ihre Frau gestanden habe. Eine gelungene Konfrontation mit dem Schulleiter, bei der sie Terrain gewinnt, wäre für sie wie ein Ehrenabzeichen. Auf dieser Basis würde sie auch gern noch weiterarbeiten. Könnte sie nicht gegen ein kleines Honorar das Management der Sprachreisen weiterhin übernehmen?

Engagierten Best-Agern fällt es schwer, sich von ihrer Arbeitsstelle zu verabschieden. Nicht mehr arbeiten zu müssen, erscheint nur kurzfristig verlockend. Denn mit der Verrentung verliert man seinen Status und seine Bühne. Berufsfunktionen, sei es als Sachbearbeiter oder als Referent, Studiendirektor, Gruppen- oder Abteilungsleiter: die Personalnummer, die E-Mail-Adresse und die Berechtigungskarte für die Kantine – alles wird zur Geschichte. Die Pensionierung kann in einem solchen Fall als eine Art sozialer Tod empfunden werden – zumindest im bisherigen Tätigkeitsfeld. Frau Müller wird aber neue Aufgabenfelder finden und den Kontakt zu den Kollegen nicht verlieren. Allerdings muss sie diesen Kontakt dann bewusst suchen. Er ergibt sich nicht mehr zufällig im Lehrerzimmer.

Wenn Frau Müller die Kraftprobe mit dem Schulleiter riskiert, dann sollte sie vorher folgende Fragen geklärt haben:
- Welche Kolleginnen stehen wirklich hinter ihr, wenn es zum Showdown kommt? Sind diese bereit, die Auseinandersetzung mitvorzubereiten? Wie könnte und sollte deren Unterstützung aussehen?

- Werden die Kolleginnen für eine lebendige Schule weiterkämpfen, auch wenn Frau Müller schon pensioniert ist? Engagement ist nur bei einer erhofften Langzeitwirkung sinnvoll.
- Lassen sich aus dem Lehrplan und dem Leitbild der Schule Ziele ableiten, mit denen man die eigene Position stützen kann?
- In welchen Gremien kann die Konfrontation von wem geführt werden (Fachbetreuung, Lehrerkonferenz, schulinterne Lehrerfortbildung, Personalversammlung)?
- Gibt es Bündnispartner wie zum Beispiel Gewerkschaft oder Elternvertreter?
- Welche Handlungsstrategie ist vom Schulleiter zu erwarten? Wie könnte man diese kontern? Vorsicht: Er könnte ein Krokodil sein (s. S. 34).
- Gibt es Minimalziele, die man als Kompromisslösungen anbieten kann?
- Welchen Kraftaufwand ist Frau Müller die Auseinandersetzung wert? Trotz guter Argumente muss Frau Müller damit rechnen, von einigen Kolleginnen und der Schulleitung als »Querulantin«, Spaltpilz« oder »Störenfried« diffamiert zu werden.
- Wie viel Stress kann sie aushalten? Bis zu welchem Punkt will sie gehen? Wie kann sie vermeiden, dass sie sich überfordert?

ANSATZPUNKT FÜR TEAMTRAINERINNEN UND -TRAINER:
KÄMPFEN ODER FLÜCHTEN? WAS WILL DAS TEAM WIRKLICH?

Manchmal verbeißen sich Teams in die Klage über ungerechte oder irrsinnige Vorgaben der Leitung. Leider sind die Beschwerden oft berechtigt. Es ist deshalb naheliegend und den Beteiligten ein Bedürfnis, dass Sie die Vorfälle lange und gründlich reflektieren. Aber schätzt das Team das wirklich? Möglich, dass man Ihnen als Trainer in der Schlussauswertung vorwirft, das Training hätte keine konkreten Lösungen gebracht und man hätte sich nur im Kreis gedreht – obwohl Sie exakt nur die Teamwünsche erfüllt haben. Was tun?

> Dreh- und Angelpunkt ist die Risikobereitschaft des Teams. Fragen Sie das Team, wie viel Arbeit, Ärger und Stress es bereit wäre auf sich zu nehmen, um die Arbeitssituation zu verbessern. Ein Flugblatt wird wohl nicht ausreichen. Wenn dazu hohe Bereitschaft besteht, dann helfen Sie dem Team eine Strategie zu entwickeln. Wenn die Bereitschaft letztlich nicht vorhanden ist, empfehlen Sie dem Team, sich irgendwie durchzumogeln, aber keine Kräfte mehr zu verschwenden. Erst wenn das Team seinen Kampfgeist geklärt hat, sollten Sie weitermachen.

»ICH SAGE IMMER SOFORT, WAS ICH DENKE!« – DER TAKTLOSE/UNTAKTISCHE MITARBEITER NERVT DIE LEITUNG

Stellen Sie sich bitte vor: Sie sind die Teamleitung. Sie haben mit viel Einfühlungsvermögen in Ihrem Team Wildwuchs beseitigt, indem Sie in Diskussionsrunden Kompetenzen geklärt und Arbeitsabläufe für alle verbindlich festgelegt haben. Ihr Team ist davon nicht begeistert, es hätte gern die etwas chaotischen Strukturen beibehalten, aber letztendlich hat es die neuen Regeln doch akzeptiert. Nach der Sitzung tritt ein Mitarbeiter an Sie heran und überrascht Sie mit der Aussage:

»Chefin, Sie sind so flexibel wie eine rostige Eisenstange.«

Natürlich ist diese Aussage kränkend:
- Ihr Engagement für die (aus Ihrer Sicht) notwendige Straffung der Arbeitsabläufe wird als »unflexibel« diffamiert. Dieser Vorwurf wird Sie umso stärker treffen, je mehr sie bei der Konsensfindung das Team miteinbezogen haben.
- »Rostig« bedeutet alt, verschrumpelt, verbraucht, kaputt ... – »Eisenstange« unterstellt Ihnen Brutalität und kriegerische Gesinnung.

ZUR PSYCHOLOGIE DES UNTAKTISCHEN MITARBEITERS: Wenn man nur wüsste, woran man bei ihm ist! Sind die Ausbrüche des untaktischen Mitarbeiters kalte Aggressionen oder nur ungeschickte, aber »eigentlich gut gemeinte« Feedbacks, damit die Chefin endlich erfährt, wie sie »wirklich« im Team ankommt. Bei mehr Klarheit könnte man besser reagieren. Die Aggressionen würde man dann einerseits klar zurückweisen, aus ungeschickten Äußerungen ließen sich andererseits vielleicht Informationen über die Seelenlage des Teams herausschälen. Mit diesem Wissen wären die Hebelpunkte der Teamentwicklung leichter zu finden.

Leider müssen wir davon ausgehen, dass wir die wahren Beweggründe nie erfahren werden. Denn der untaktische Mitarbeiter weiß selbst nicht, was er will und tut – sonst wäre er nicht untaktisch! Er ist von seinen Emotionen getrieben und hat häufig keine Ziele in Sichtweite, die er erreichen will. Dafür scheint er vor Selbstbewusstsein zu strotzen: Wie selbstverständlich erwartet er von den Firmenangehörigen, dass seine spontane Meinung sie immer interessiert und dass sein »offenes Wort« immer genügend Akzeptanz und Vertrauen findet. Er verwechselt seine Impulsivität mit Ehrlichkeit. Er redet im Betrieb so spontan und unreflektiert, wie zu Hause in der Familie. Da er die Nähe voraussetzt und das Verständnis sucht, gehört er zu den Teamsuchern. Trotzdem pflegt er eine besondere Art der Nähe: einerseits persönlich, nah und direkt, andererseits auch verurteilend und distanziert.

Er glaubt von sich, dass er ein »großes offenes Herz« hätte. Tatsächlich hat er sein Herz nicht im Griff, ist etwas instabil und verursacht dadurch Chaos in seinem Umfeld – natürlich, so sieht er das jedenfalls selbst, immer ohne böse Absicht. Häufig ist er sogar auf seine Missgeschicke stolz! Zum Beispiel wenn er sein taktisches Unvermögen vorher ankündigt: »Wissen Sie, ich weiß, dass ich untaktisch bin. Ich habe deshalb oft Ärger. Aber ich sage es Ihnen jetzt trotzdem. Sie sind so flexibel wie ...«

Und es geht wieder schief! Ein klassisches Eigentor, mit dem er dick unterstreicht, dass es mit seiner Lernfähigkeit nicht weit her ist. Im harmlosen Fall wird er zum »Hofnarren« der Firma, im gefährlichen kann der untaktische Mitarbeiter mit seinen unausgegorenen Überzeugungen sich selbst und das ganze Team in den Konfliktstrudel reißen. Oder wenn er seine Taktlosigkeiten als Ehrlichkeit verkauft: »Ich sage immer sofort, was ich denke! Ich bin keiner, der hintenherum agiert«.

Leider stimmt diese Aussage meistens nicht. Wenn er sich mit seinen provokativen Äußerungen verfangen hat und auf Widerstände stößt, obwohl er es so gut gemeint hat (gut gemeint ist bekanntlich das Gegenteil von gutgetan) und der Chefin nur mal ein ehrliches Feedback geben wollte, das diese dann wieder einmal völlig missverstanden hat, dann kann er schnell und unüberlegt die Fronten wechseln und sich im Team bitter beklagen. Wenn es ihm schlecht geht, weil ihn die selbst verursachten Konflikte psychisch belasten, dann lässt er das alle wissen. Dann beschwert er sich darüber, dass ihn die Chefin unberechtigterweise »auf dem Kieker habe«. Dann sucht er doch »hintenherum« Koalitionspartner, bevorzugt Gegner der Chefin, mit denen er zusammen seine Kränkungen schürt.

Der taktik-/taktlose Mitarbeiter ist nicht nur taktlos, sondern auch naiv und unberechenbar. Im Gegensatz zu einem eiskalten Strategen, der sich die Fehler seiner Vorgesetzten genauestens notiert, um sie bei günstiger Gelegenheit als Speerspitze einsetzen zu können, wird er der Leitung nicht gefährlich. Vorher fällt er über seine eigenen Beine und wenn ihn jemand überschätzt, dann ist das nur er selbst. Aus dem gleichen Grund sind seine Arbeitsleistungen nicht überzeugend.

EMOTIONSMANAGEMENT BEIM »TAKTIK-/TAKTLOSEN MITARBEITER«

Was können Sie als Führungskraft machen?

ERSTENS ABWEHR: SIE VERBITTEN SICH DESSEN UMGANGSTON UND DROHEN MIT EINER ABMAHNUNG.

Dadurch zeigen Sie einerseits Führungsstärke (»Ich bestimme hier, was gemacht wird!«), andererseits aber offenbaren Sie gleichzeitig Ihre Verletzung und Kränkung. Ihre Drohung mit der Abmahnung wird in diesem Fall als Hilflosigkeit wahrgenommen. Außerdem schneiden Sie den Gesprächsfaden zum Mitarbeiter ab. Wenn Sie mit ihm weiterhin zusammenarbeiten müssen, dann wird diese Kontaktstörung die Zusammenarbeit erheblich belasten. Zusätzlich wird der Mitarbeiter versuchen, bei seinen Kolleginnen und Kollegen eine schlechte Stimmung gegen Sie zu verbreiten.

Natürlich ist Ihre Abwehrreaktion verständlich, da der Vergleich mit der »verrosteten Eisenstange« kränkend ist. Der Überheblichkeit des Mitarbeiters sollten Sie auf jeden Fall entgegentreten – aber ist die Abmahnung dafür das richtige Mittel? Kurzfristig gewinnen Sie mit einer Abmahnung (oder Ermahnung, die kleine Schwester der Abmahnung) zwar Abstand zum Kritiker, langfristig jedoch legen Sie sich einen Dauerkonflikt ins »Teamnest«.

ZWEITENS: ZEIGEN SIE INTERESSE AM VORWURF.

Wenn Sie den Mitarbeiter fragen: »Wie kommen Sie zu dieser merkwürdigen Einschätzung?«, dann setzen Sie ihn unter Rechtfertigungsdruck. Jetzt muss er begründen, warum er Ihre Haltung als »unflexibel« einschätzt. Er muss die Arbeitsabläufe innerhalb des Teams analysieren und überdenken. Lassen Sie ihn nicht billig davonkommen. Geben Sie ihm gleich einen Arbeitsauftrag, zum Beispiel könnte er zu dem Projekt XY einen Ablaufplan entwickeln. Wenn er gute Gedanken enthält, dann ist es sinnvoll, diese aufzunehmen.

Mit diesem sachlichen Vorgehen binden Sie den Mitarbeiter ein und grenzen ihn nicht aus. Damit nehmen Sie ihm die Möglichkeit gegen Sie im Team schlechte Stimmung zu verbreiten. Aber was passiert mit Ihrer Kränkung? Einen beleidigenden Umgangston brauchen Sie sich, nicht bieten zu lassen.

DRITTENS »KRITIK OHNE ANGRIFF«

Auch wenn sich die Äußerungen des untaktischen Mitarbeiters provozierend-scharf anhören, so ist er doch kein Krokodil, sondern nur ein schwerfälliges Nilpferd. Man darf ihn weder autoritär niederknüppeln noch in einer »Laisser-faire-Haltung« herumstehen lassen. Emotionsmanagement zeigt ihm klare Grenzen auf und gibt ihm etwas Verständnis, denn eigentlich sucht er nur Sympathie für seinen etwas merkwürdigen Kommentar.

In Herausforderungen stecken Chancen. Es gibt also drei Möglichkeiten, um auf den Vorwurf »Chefin, Sie sind so flexibel wie eine rostige Eisenstange« zu reagieren: Abwehr, Interesse zeigen, Kritik ohne Angriff.

	VORTEILE	NACHTEILE
Abwehr: Sie verbitten sich diesen Umgangston und drohen mit einer Abmahnung.	Sie zeigen Führungsstärke: »Ich bestimme hier, was gemacht wird.« Sie gewinnen Abstand zum Kritiker.	Ihre Drohung mit der Abmahnung wird als Hilflosigkeit wahrgenommen. Sie legen sich einen Dauerkonflikt ins »Teamnest«.
Sie zeigen Interesse am Vorwurf	Legitimationsdruck für den Mitarbeiter: Wer kritisiert, muss auch begründen können. Sie testen sein Ideenpotenzial. Sie grenzen den Mitarbeiter nicht aus und verhindern dadurch Intrigen.	Sie ignorieren Ihre Kränkung und bestehen nicht auf einen korrekten Umgangsstil im Team.

	VORTEILE	NACHTEILE
Kritik ohne Angriff	Die Führungskraft interessiert sich für die Bemerkungen des untaktischen Mitarbeiters und zeigt ihm den möglichen Schaden seines Verhaltens auf. Sie kränkt ihn nicht und setzt ihm gleichzeitig Grenzen. So kommt sie in die Offensive und kann die erlittene Kränkung überwinden. Denn wer so flexibel auf einen schwierigen Mitarbeiter reagiert, kann keine »rostige Eisenstange« sein.	Keine.

»KRITIK OHNE ANGRIFF« – DIALOGVORSCHLÄGE

»Kritik ohne Angriff« ist eine Kombination der ersten beiden Varianten zum Beispiel kann Folgendes gesagt werden.

Einfühlung: »Ich schätze Ihr Engagement und unterstelle Ihnen, dass Sie eigentlich die Arbeit bei uns verbessern wollen.«

Klarheit: »In der Form wie Sie das rüberbringen, ist das kränkend.«

Unterstützung: »Sie schaden damit Ihrer guten Sache! Sie müssen Strategien entwickeln, damit Ihre Anliegen bei Ihren Mitmenschen besser ankommen.«

ZUSAMMENFASSUNG: NÄHE UND DISTANZ IM TEAM

- Jedes Team ist voller Emotionen. Die meisten davon liegen zwischen den Polen Nähe und Distanz. Für **Teamflüchter** ist der Kontakt zu Kollegen tendenziell unangenehm und lästig, deshalb suchen sie Distanz und ziehen sich zurück. **Teamsucher** hingegen schätzen die Nähe der Gruppe, da sie ihnen Spaß, Geborgenheit und Selbstsicherheit vermittelt.
- Sich Gedanken über die Bedürfnisse der Kollegen zu machen ist lohnend. Man kann deren Verhalten besser verstehen und zukünftige Reaktionen realistischer einschätzen. Viele Teamverwirrungen lösen sich auf, wenn man die Kollegen innerhalb der Pole »Teamflüchter« und »Teamsucher« sortiert. Dadurch werden innere Beweggründe sichtbar.
- Meistens stellen Männer an ihr Team nicht so hohe emotionale Ansprüche wie Frauen.
- Wer die emotionalen Prozesse in seinem Team überdenkt, ist nicht nur distanzierter Beobachter, sondern gleichzeitig auch Teammitglied. Deshalb sollten Sie sich auch selbst definieren: Bin ich eher »Teamflüchter« und »Teamsucher«?
- Da man sich im Team die Kollegen (und Chefs) meist nicht aussuchen kann, muss man auch mit weniger sympathischen Kollegen klarkommen. Mit der Gesprächsführung »Kritik ohne Angriff« lässt sich die Nähe und Distanz im Team steuern.

Emotionale Teambremsen

VORSICHT VOR PSEUDO-EMOTIONEN!

Nicht jede gezeigte Emotion muss echt sein. Einfühlung, Mitgefühl und Interesse kann man auch heucheln. Vertrauen kann man sich erschleichen, um an handfeste Vorteile zu kommen. Der Heiratsschwindler nutzt seine Liebesschwüre, um seine »Angebetete« finanziell auszunehmen. Diese Täuschungsstrategie bezeichnet man mit: »Blinkt links und überholt rechts.«

Eine lautstark inszenierte Verwirrung, wie ein an die Wand gemaltes Horrorszenario, kann von wichtigen Sachfragen ablenken, um sich unangenehmen Situationen zu entziehen. Manchmal werden Pseudo-Emotionen gezielt eingesetzt, manchmal entwickeln sie sich eigenständig und der Hauptakteur wird selbst Opfer seiner Verwirrung. Zurück bleibt bei den Geprellten eine Enttäuschung oder gar Kränkung. Diese Emotionen sind dann leider echt. Dazu zwei Beispiele.

HASE-UND-IGEL-WETTLAUF IM KRITIKGESPRÄCH: Im Volksmärchen vom Hase-und-Igel-Wettlauf ist eigentlich der Hase der bessere Läufer. Der Igel aber setzt auf eine ausgefuchste Strategie und gewinnt. Hase und Igel vereinbaren, gemeinsam eine lange Ackerfurche hinunterzulaufen, um den besseren Läufer zu ermitteln. Beim Start läuft der Hase sofort weg, der Igel jedoch täuscht den Lauf nur vor. Am anderen Ende der Ackerfurche hat der Igel seine Frau postiert, die der Hase mit dem Igelmann verwechselt, und die den Hasen mit den Worten »Ich bin schon da« empfängt. Der Hase denkt, er habe den Wettlauf gegen den Igelmann verloren. Wutentbrannt dreht er sofort um und nimmt den vermeintlichen Wettkampf erneut auf. Doch als er an der oberen Ackerfurche ankommt, empfängt ihn der Igelmann ebenfalls mit den Worten »Ich bin schon da«. Der Hase läuft so lange die Ackerfurche von oben nach unten, bis er tot zusammenbricht.

Igelmann und Igelfrau jedoch sitzen vergnügt jeweils am Ende der Ackerfurche und freuen sich über ihr gelungenes Spiel. Sie haben, ohne zu laufen, gewonnen, indem sie das Ziel doppelt besetzten. Soweit das Volksmärchen.

Man kann den Arbeitsplatz mit einer langen Ackerfurche vergleichen: Oben sind die Sachfragen, unten die Emotionen. Wer nicht beide Pole zugleich im Auge behält, verliert, falls er es mit einem schlauen Igel-Partner zu tun hat. Igel-Kollegen neigen nämlich dazu, die Ebenen zu wechseln: von den Sachen zu den Emotionen oder von den Emotionen zu den Sachen.

Sie sind die Spieler, die das Gesamtsystem Arbeitsstelle immer im Blickfeld haben und seine Tastatur zu bedienen wissen. Deshalb machen sie selbst dann Karriere, wenn ihre Leistungen nur mittelmäßig sind. Souverän ziehen sie an den sportlicheren Hasen-Kollegen vorbei, die nur auf Leistung fixiert sind: möglichst schnell laufen, ohne zu denken.

VON DER SACHFRAGE ZUR PSEUDO-EMOTION ABGELENKT

> **BEISPIEL: GESCHICKTER THEMENWECHSEL**
>
> Der Geselle hat einen Vorgang wieder fehlerhaft bearbeitet. Der Meister macht ihn bestimmt, aber sachlich darauf aufmerksam. Hier geht es für den Meister um die Sache, denn die Arbeit muss perfekt erledigt werden. Der Geselle ist jetzt in der Klemme. Das Kritikgespräch ist ihm unangenehm, aber er findet (unbewusst?) eine Lösung: Er verdreht die Sachkritik in ein Beziehungsproblem. Das gelingt ihm, indem er die Sachfrage glatt ignoriert und das Verhalten des Meisters mit »Schreien Sie mich nicht so an!« kritisiert.

Dabei hat der Meister gar nicht geschrien, sondern nur klar und deutlich das Fehlverhalten angesprochen. War vorher der Geselle wegen fehlerhafter Arbeit der Beschuldigte, so sitzt jetzt der Meister auf der Anklagebank: Er habe sich emotional im Ton vergriffen. Eine perfekte Igel-Strategie. Wahrscheinlich verteidigt sich jetzt der Meister unglücklich mit »Ich habe Sie nicht angeschrien!« und verliert so die Sache immer mehr aus den Augen, da er damit beschäftigt ist, das eigene Verhalten zu rechtfertigen. Er sieht nur noch die eine Seite der Ackerfurche: den ungerechten Vorwurf, den Kollegen gekränkt zu haben, gegen den er sich verteidigt. Der Igel-Kollege entrüstet sich jetzt so lange über den angeblich miesen Umgangsstil, bis seine sachlichen Fehler verdrängt sind. Er »dreht emotional hoch« und beklagt wehleidig das ihm angeblich zugefügte Unrecht. Eine perfekte Ablenkung.

SO ERREICHEN SIE DEN IGEL TROTZ STACHELN: Bekanntlich rollen sich Igel, wenn sie sich bedroht fühlen, zu einer Kugel zusammen. Sie spreizen dann die Stacheln von sich ab und machen sich unangreifbar. Der Igel-Kollege jammert über seine verletzten Gefühle und zeigt seine »stachlige Seite«. Mit minimaler Einfühlung holen Sie den Igel-Kollegen wieder aus seiner Verteidigungshaltung heraus, indem Sie zum Beispiel sagen: »Fühlen Sie sich persönlich bedroht, weil ich einen Fehler kritisiert habe? ... Das wollte ich nicht, ich lege aber Wert darauf, dass die Arbeit in Zukunft ...« oder »Ich verstehe und akzeptiere, dass Ihnen das Gespräch unangenehm ist. Das ginge mir auch so. Aber trotzdem müssen Sie in Zukunft ...«

Der Konflikt hat zwei Seiten. Einerseits ist der Geselle mit seinen Pseudo-Emotionen ziemlich dreist. Andererseits greift er nur deshalb zu diesem Hilfsmittel, weil er sich vom Meister bedroht sieht (selbst wenn dieser das gar nicht beabsichtigt hatte). Beim Kritikgespräch sollte man daher immer beide Seiten der Ackerfurche im Blick haben: die Sachfragen und die Emotionen. Sonst erleidet man vielleicht doch einmal das Schicksal des Hasen ...

»MEINE KOLLEGIN SAGT NIE ETWAS!?« – BAMBI MACHT MIT SCHWEIGEN DRUCK

Besonders schwierig sind Kollegen, die einerseits viel Verständnis und Einfühlung einfordern, andererseits rasch bereit sind die Helfer massiv anzuklagen. Umgangssprachlich formuliert: Sie beißen in die Hand, die sie füttern sollte. Nähe wird gewünscht, aber Distanz – in Form von Anklage – gelebt. Bei Pseudo-Emotionen kann Harmoniestreben plötzlich in Angriffslust umschlagen und umgekehrt. Diese Wechseldusche ist meistens das Ende einer erträglichen Arbeitsbeziehung. Bambi ist ein Beispiel dafür.

> **BEISPIEL: HILFLOS – ABER ES IST ALLES IN ORDNUNG**
>
> Martha arbeitet als Erzieherin zusammen mit fünf weiteren Erzieherinnen in einem Hort. Während die Kolleginnen den Berufsalltag in der Regel gut meistern, ist Martha sehr passiv. Obwohl sie mit ihren 26 Jahren schon drei Jahre in der Einrichtung arbeitet, bezeichnet sie sich immer noch als Berufsanfängerin. Bei den ruhigen Kindern ist Martha beliebt, da sie sehr geduldig ist. Gegenüber aggressiven Kindern kann sie sich oft nicht durchsetzen, bleibt dann hilflos neben den kleinen Schlägern stehen oder holt eine Kollegin zu Hilfe. Deshalb wurde sie in einer Teamsitzung als »Bambi« bezeichnet: Wie ein junges Reh würde sie mit aufgerissenen Augen auf der Straße stehen, bewegungslos in die Scheinwerfer der bedrohlich herannahenden Autos starren und dann überfahren werden. Seitdem heißt Martha im Team nur noch »Bambi«. Bambi wirkt stets ängstlich und schüchtern. Im Team schweigt sie oder stimmt den Kolleginnen bei allem zu – ohne allerdings die Beschlüsse immer umzusetzen. Sie gibt vor, dass sie zu Hause »eigentlich ganz anders« sei, aber im Dienst hätte sie noch viele Selbstzweifel. Außerdem stehe sie nicht gern im Mittelpunkt. Es sei schon alles in Ordnung so. Die Kolleginnen glauben das allerdings nicht.

Die Mitarbeiterinnen wünschen sich eine starke Kollegin und kein unterwürfiges »Hascherl«. Ihre Anpassungsleistung empfinden sie als opportunistisch. Bambi spürt die Unzufriedenheit der Kolleginnen und versucht mit noch mehr Anpassung Wohlwollen zu erreichen. Ein Teufelskreis, in dem sich zunehmend das gesamte Team verfängt.

Peinlich ist den Kolleginnen, wenn sie von Eltern oder Besuchern auf das unterwürfige Verhalten Bambis angesprochen werden. Da sie dafür keine stichhaltige Erklärung liefern können, stehen sie rasch im Verdacht, Bambis Leid zu verursachen. Zwar wird es von Außenstehenden niemals direkt ausgesprochen – trotzdem fühlt sich das gesamte Team dem Vorwurf ausgesetzt: »Was seid ihr für autoritäre und unsensible Weiber, dass ihr das arme Bambi so unterdrückt!« Dabei möchte niemand Bambi quälen, sondern wohlwollend fördern. Aber Hilfe, zum Beispiel in Form von Ermutigungen: »Probiere es doch mal so ..., wir helfen dir dabei ...« setzen Bambi angeblich so unter Druck, dass es erst recht nichts mehr sagen kann.

Verhält man sich hingegen distanziert abwartend und übersieht die Fehler, die Bambi im Arbeitsalltag begeht, dann verbessert sich Bambis Verhalten auch nicht. Fragt man Bambi direkt nach seinen Wünschen, dann erfährt man nur, dass es mehr Lob bräuchte. Aber selbst wenn die Kolleginnen kleinere Leistungen Bambis positiv herausstellen, scheint das Bambis Selbstbewusstsein kaum zu steigern. Sie kommen mit ihr nicht weiter.

Nach Mitarbeitergesprächen mit den Kolleginnen schaltet sich die Leitung der Kindertagesstätte ein. Sie erkennt den Leidensdruck im Team. Von Bambi fordert sie deshalb in einem Einzelgespräch mehr Selbstständigkeit und gründlichere Arbeit ein. Bambi fühlt sich jetzt gemobbt, da die Kolleginnen sich über sie beschwert hätten, obwohl sie sich immer angepasst hätte. Für alle überraschend schreibt sie einen Beschwerdebrief an den obersten Dienstvorgesetzten und beklagt sich über Mobbing am Arbeitsplatz.

Das Team befindet sich jetzt in einer absoluten Konfusion. Trotz schwacher Arbeitsleistung wurde Bambi immer als vollwertiges

»Meine Kollegin sagt nie etwas!?«

Teammitglied akzeptiert. Und plötzlich – wie aus dem heiteren Himmel – eine Anklage wegen Mobbing! Viel aufgestauter Ärger macht sich jetzt breit, da man sich doch in den letzten Jahren geduldig mit den mäßigen Arbeitsergebnissen begnügte. Wer ist Bambi überhaupt? Spielt es vielleicht nur das arme, hilflose Mädchen und hat es in Wirklichkeit »faustdick hinter den Ohren«? Will es sich durch vorgeschobene Hilflosigkeit nur vor der Arbeit drücken? Oder ist sie dagegen noch hilfloser als gedacht, sodass sie aus Verzweiflung (oder Dummheit) den Mobbingvorwurf erhebt? Vielleicht ist es auch nur einfach verrückt geworden?

Wahrscheinlich hat Bambi nur ein extrem niedriges Selbstwertgefühl. Gefühle kann es nicht steuern und pendelt deshalb zwischen den Polen Nähe und Distanz, Opfer und Täter. Pseudo-Emotionen sind das Ergebnis. Mit dem Spitznamen »Bambi« hat das Team Martha treffend charakterisiert: Bambi ist mit seinen großen Rehaugen zwar ganz niedlich anzuschauen, neigt aber in Gefahrensituationen zur Schrecklähmung. Wahrscheinlich ist zusätzlich die Arbeitsstelle sehr unstrukturiert. Qualität der Arbeit und Ziele sind entweder nicht klar definiert oder werden nicht beachtet, sodass sich auf diesem Nährboden Bambis Gefühlschaos voll entfalten kann.

Spekulieren wir darüber, welche Gefühle das Team und welche Bambi haben könnten.

EMOTIONEN VOM TEAM	EMOTIONEN VON BAMBI
LÄHMUNG	
Bambi löst beim Team Mitleid und Wut zugleich aus. Einerseits berührt sie die Hilflosigkeit, andererseits stört die Kolleginnen, dass Bambi seine Arbeit fehlerhaft erledigt. Dieser Gefühlsmix wirkt im Team lähmend. Man ärgert sich, scheut sich aber, das auszusprechen. Deshalb verändert sich im Team nichts.	Bambi fühlt sich sehr ängstlich und unsicher. Es weiß, dass sich die Kolleginnen ärgern, wenn es seine Arbeit nicht richtig erledigt. Aber es weiß nicht, wie es die Arbeit besser machen kann. Diese Hilflosigkeit lähmt Bambi.

EMOTIONEN VOM TEAM	EMOTIONEN VON BAMBI
DER SCHLAFENDE VULKAN BRICHT AUS	
Die Kolleginnen werden immer aggressiver, da Bambi die Arbeit nicht verbessert. Zusätzlich belasten sie die stillen Vorwürfe der Eltern: »Was seid ihr für unsensible Weiber …«	Bambi fühlt sich bedroht. Mit Schweigen und Anpassung versucht es sich selbst zu schützen. Seine Anspannung steigt – wie lange hält Bambi das noch aus?
KLÄRUNGS- UND RETTUNGSVERSUCH	
Die Kolleginnen können das Problem nicht lösen. Sie informieren die Leitung. Diese lüftet endlich den Dampfkessel und bringt den Problemdruck des Teams zur Sprache.	Bambi muss erkennen, dass sein Selbstschutz versagt. Es gerät in Panik und fühlt sich als Mobbingopfer. In seiner Hilflosigkeit sucht es einen Retter: den höchsten Vorgesetzten.
KRÄNKUNG UND KONTAKTABBRUCH	
Das beschuldigte Team ist wie vor den Kopf geschlagen. Hatte es sich bisher als Helfer gesehen, so wurde es über Nacht zum Täter. Es ist so gekränkt, dass es eine weitere Arbeit mit Bambi verweigert. Niemand spricht mehr mit ihm, da jede Bemerkung als Mobbing ausgelegt werden könne.	Bambi hat sich absolut in das Abseits manövriert. Es muss jetzt darauf hoffen, dass sich der Vorgesetzte möglichst bald der Sache annimmt. Wird er das tun? Was wird er tun? Wie lange wird es dauern, bis er kommt? Bambi wird noch lange die Aggressionen im Team aushalten müssen.

In einer derart aufgeheizten Situation ist »Kritik ohne Angriff« wirklich äußerst schwierig. Welches Team kann nach diesen massiven Vorwürfen noch die nötige Einfühlung für Bambi aufbringen? Und welches Bambi schafft ausgerechnet jetzt den eigentlich notwendigen Schritt hin zum Team?

Wahrscheinlich vermindert nur ein Außenstehender die Konflikte: ein Supervisor, Coach, Betriebsrat oder Vorgesetzter. Eine unbefriedigende Lösung wäre es hingegen, wenn die Leitung Bambi sprachlos in eine andere Abteilung versetzen würde, da dann die

Vorwürfe unbearbeitet bleiben würden. Das Arbeitsklima würde sich nicht nur aktuell, sondern langfristig vergiften.

> **EMOTIONSMANAGEMENT BEI BAMBI UND SEINEM TEAM**
>
> **VORSCHLÄGE FÜR »KRITIK OHNE ANGRIFF«**
> Bambi jetzt mit seinem Team zusammenzubringen führt zur Eskalation. Sinnvoller ist es, jeweils getrennt mit Bambi und dem Team zu verhandeln und erst anschließend das Plenum zu wagen.

STRATEGIEN FÜR FÜHRUNGSKRÄFTE

Zwischen Bambi und dem Team hat sich unerwartet ein tiefer Graben aufgetan. Beide Lager benötigen jetzt unbedingt jemanden, der zumindest eine Behelfsbrücke über den Abgrund baut – sonst wird der Arbeitsalltag für alle unerträglich. Mögliche Interventionen aus dem Kombipack »Einfühlung, Klarheit und Unterstützung« sind:

GESPRÄCHSFÜHRUNG MIT DEM TEAM	GESPRÄCHSFÜHRUNG MIT BAMBI
EINFÜHLUNG	
»Es ist zum Verzweifeln, wenn man helfen möchte, aber es nie gelingt.« »Der Mobbingvorwurf ist sehr kränkend.«	»Sie fühl(t)en sich im Team sehr hilflos.« »Es ist schlimm, wenn man eine Arbeit machen soll und nicht weiß, wie es geht.«
KLARHEIT	
»Warum haben Sie eigentlich nie konkret über die zu leistende Arbeit gesprochen? Welche Qualitätsstandards gibt es in Ihrem Arbeitsbereich?« »Warum haben Sie nicht rechtzeitig Hilfe von außen geholt?«	»Wahrscheinlich hatten Sie keine böse Absicht, aber mit dem Mobbingvorwurf haben Sie Ihr Team schwer gekränkt.« »Panik ist ein schlechter Ratgeber.«

GESPRÄCHSFÜHRUNG MIT DEM TEAM	GESPRÄCHSFÜHRUNG MIT BAMBI
UNTERSTÜTZUNG	
»Was erwarten Sie jetzt von Bambi?« »Was soll ich Bambi von Ihnen sagen?«	»Was erwarten Sie jetzt vom Team?« »Was soll ich dem Team von Ihnen sagen?« »Was können Sie tun, um die Situation zu verbessern?«

Eigentore vermeiden, neue Strategien finden

Franz Kafka hat in seinen Romanen »Der Prozess« oder »Das Schloss« zu Beginn des 20. Jahrhunderts die Gefühlslage vieler Menschen beschrieben, die sich innerhalb einer diffusen Bürokratie verurteilt fühlen, ohne mit den eigentlichen Vorwürfen direkt konfrontiert zu werden. Ähnliches erleben viele heutzutage am Arbeitsplatz: Sie fühlen sich irritiert, schuldig, verunsichert und bedroht. Die Angeklagten sehen sich in einer »Scheindebatte« oder auf einem »irrealen Schlachtfeld«, verwickeln sich in Widersprüche, werden nervöser, hektischer und machen noch mehr Fehler, wegen denen sie dann wieder angeklagt werden. Der Teufelskreis nimmt seinen Lauf. Irgendwann wird für die Angeklagten der Druck so hoch, dass sie in ihrer Panik spontan einen »Befreiungsschlag« unternehmen, der aber den Handlungsspielraum weiter beschränkt. Statt einen Konflikt zu beenden, hat man ein Eigentor geschossen.

> ARBEITSPANIK STRANGULIERT
>
> Eine Chefsekretärin erklärt Arbeitspanik mit einem Beispiel: »Wissen Sie, das ist wie bei einem Rehbock, der sich mit seinem Gehörn im Maschendraht verfangen hat. In Panik wirbelt er mit dem Kopf herum und verfängt sich immer mehr – so lange, bis er sich selbst erdrosselt. Keiner kann ihm helfen, da er niemanden an sich heranlässt.«

TRIBUNALE IM TEAM: UM WAS GEHT ES EIGENTLICH?

Teamkonflikte sind häufig unberechenbar. So überraschend wie eine Gewitterwolke verdunkeln Emotionen den zuvor noch blauen

Teamhimmel. Plötzlich können aus kleinen Versäumnissen, Ungeschicklichkeiten oder unklaren Absprachen Grundsatzprobleme erwachsen und heftige Auseinandersetzungen ausbrechen. Die Kritisierten begreifen den Kern der Vorwürfe nicht. Okay, da wurde »einmal« eine benutzte Kaffeetasse nicht in die Spülmaschine gestellt und »ein« anderes Mal ein wichtiger Termin übersehen – aber deshalb ist man doch kein Sicherheitsrisiko für die ganze Firma! Der vorgebrachte Konfliktanlass scheint zu geringfügig zu sein, um diesen gewaltigen Ärger auslösen zu können – es muss sich also um Rivalitäten oder um Mobbing handeln – so denken die Angeklagten.

Die Kritisierer verstehen hingegen nicht, warum die anderen die Schwere des Problems nicht verstehen und werden immer ungeduldiger. Möglich, dass es sich bei der unsauberen Kaffeetasse nur um die Spitze eines Eisbergs handelt – aber genauso gut ist es möglich, dass es gar keinen Eisberg gibt, an dem die Titanic der Firma aufgeschlitzt werden könnte. Hier müsste ein kollegialer Dialog die wirklichen Risiken abschätzen – der sich aber leider in einem Klima der gegenseitigen Abwertungen nicht entfalten kann.

Bei den folgenden Reaktionen können Sie davon ausgehen, dass Mitarbeiter oder Kollegen die reale Ursache des Ärgers, den sie ausgelöst haben, gar nicht verstanden haben.

REAKTION DER BESCHULDIGTEN	MÖGLICHE URSACHE DER REAKTION
Sie verlassen während einer Auseinandersetzung ohne Kommentar den Raum.	Die naheliegende Vermutung wäre, dass sich Beschuldigte feige der Konfrontation entziehen. Wahrscheinlicher ist eine massive Kränkung: Die Vorwürfe erscheinen so ungeheuerlich, dass sie als persönlich verletzend wahrgenommen werden.

Tribunale im Team: Um was geht es eigentlich?

REAKTION DER BESCHULDIGTEN	MÖGLICHE URSACHE DER REAKTION
Sie brechen in Tränen aus.	Hier wird oft Falschheit unterstellt: »Drückt halt auf die Tränendrüse.« Wahrscheinlicher ist innere Verzweiflung. Weinen kann anzeigen, dass durch die Kritik unangenehme Kindheitserlebnisse mobilisiert wurden.
Sie fordern eine lange Auszeit, zum Beispiel: »Dazu kann ich erst in einem Monat etwas sagen, wenn ich mit mir wieder im Reinen bin …«	Die naheliegende Vermutung wäre, dass eine Konfliktlösung auf den »Sankt-Nimmerleins-Tag« verschoben werden soll. Wahrscheinlicher ist eine stark ambivalente Gefühlslage: Man möchte heldenhaft kämpfen und gleichzeitig davonlaufen. Das Ergebnis ist eine Lähmung: Man kämpft nicht, man flieht nicht, sondern bleibt einfach nur stillsitzen.
»Souveräner Auftritt«: Kurz angebunden und etwas schroff im Tonfall wird erklärt, dass es die vorgebrachten Probleme gar nicht gäbe.	Ein perfektes »Selbstschutzprogramm« leugnet Schwierigkeiten und vermeidet (zurzeit noch) die Reflexion über Konfliktursachen.
Gegenangriff: Kollegen eine »Profilneurose« unterstellen.	Sie wollen oder können die Kritik nicht verstehen und suchen eine Erklärungsursache außerhalb der Sachfragen.
Sie bezeichnen sich als »Mobbing-Opfer« und wenden sich zur Unterstützung an hohe Vorgesetzte (die man persönlich nur wenig kennt) oder gehen an die Presse.	Durch das Einschalten weit entfernter Autoritäten setzt man alles auf eine Karte und hofft auf Unterstützung: Möge der Retter erscheinen und alle Beschuldigungen vom Tisch wischen. Hier wird Konfliktlösung zum Pokerspiel!

REAKTION DER BESCHULDIGTEN	MÖGLICHE URSACHE DER REAKTION
Lassen sich Horoskope erstellen oder befragen die Wahrsagerin.	Die realen Sachinhalte des Konflikts werden ignoriert, stattdessen außerirdische Ursachen unterstellt: Die Konfliktursachen liegen in der Konstellation der Sterne.
Sie melden sich am Folgetag krank.	Dies ist häufig keine Trotzhaltung, sondern Zeichen einer Nervenkrise.
Sie reichen sofort die fristlose Kündigung ein.	Blinde Fluchtreaktion, da man die Arbeitssituation als persönlich bedrohlich empfindet.

»WENN SICH HIER NICHTS ÄNDERT, DANN KÜNDIGE ICH!« – ZUGZWANG SELBST VERURSACHT

> **BEISPIEL: VERPUFFTE DROHUNG**
>
> Frau Meier ist sauer. Wieder hat sie die Vorgänge zu spät erhalten. Jetzt muss sie auch noch abends arbeiten. Im Frust sagt sie zu ihrem Chef: »Wenn sich hier nichts ändert, dann kündige ich!« Der antwortet scheinbar großzügig mit »Leute, die gehen wollen, soll man ziehen lassen«.

Wenn Sie mit Ihrer Kündigung drohen, spielen Sie Ihre höchste Trumpfkarte aus, die Sie besitzen – vorausgesetzt, Sie sind in der Firma geschätzt. Und wie bei den Kartenspielern sind auch im Arbeitsleben hohe Trümpfe dünn gesät. Wenn Sie mit »Wenn sich hier nichts ändert, dann kündige ich!« drohen, dann müssen Sie bereit sein zu gehen. Sie machen damit Ihre Zukunft an der Arbeitsstelle von der Veränderungsbereitschaft anderer abhängig. Würden Sie bleiben, ohne dass sich etwas verändert, würden Sie sich unglaubwürdig machen. Man würde Sie für einen Dampfplauderer oder Feigling halten und nicht mehr ernst nehmen. Die Drohung mit der Kündigung setzt nicht nur Kollegen und Arbeitgeber, sondern vor allem Sie selbst unter Zugzwang. Leere Drohungen sind ein Eigentor.

ANZEICHEN FÜR ZUGZWÄNGE: Das Risiko von Zugzwängen steigt, wenn man den Überblick verliert. Um am Arbeitsplatz den Frust, die Kränkungen oder die Überforderung nicht mehr spüren zu müssen, setzt man sich selbst Scheuklappen auf und nimmt nur noch zur Kenntnis, was in das eigene Weltbild passt. Der geistige Horizont verengt sich auf ein enges Ziel, das unbedingt erreicht werden muss. Anzeichen für selbstverursachte Zugzwänge können sein:
- Gedanken, die sich im Kopf ständig wiederholen und manchmal bis zur Besessenheit steigern.
- Das Bedürfnis, sich ständig erklären oder rechtfertigen zu müssen.
- Ausgeprägte Feindbilder, die einen nicht mehr loslassen.
- Das bedrückende Gefühl »alles auf eine Karte gesetzt zu haben«.
- Verspannungen, Schlafstörungen.

SO LÖSEN SIE DIE BREMSE: TRUMPFKARTEN GEZIELT AUSSPIELEN:
- Aus Zugzwängen kommen Sie nur heraus, wenn Sie wieder die Übersicht gewinnen. Machen Sie für sich eine Skizze über alle Einflusskräfte, die an Ihrem Arbeitsplatz anzutreffen sind und sprechen Sie diese mit einem Bekannten oder Supervisor durch (»Checkliste für die Teamdiagnose«, s. S. 197).
- Sammeln und analysieren Sie alle Ihre Argumente, die Sie für Ihre Sache vorbringen können. Überlegen Sie sich dann, in welcher Reihenfolge und in welchen Situationen Sie Ihre Trümpfe ausspielen wollen. Clevere Kartenspieler legen den höchsten Trumpf nur für wichtige Stiche auf den Tisch.
- Erst wenn Sie zur Kündigung entschlossen sind und die Konsequenzen akzeptiert haben, können Sie mit einer Kündigung drohen. Ihr Arbeitgeber merkt es Ihnen an, wenn Sie es ernst meinen

und macht dann vielleicht doch noch ein Zugeständnis. Es ist paradox: Manchmal gibt es erst dann eine Chance zur verbesserten Weiterarbeit, wenn Sie schon gar nicht mehr weiterarbeiten wollen.
- Spielen Sie bei Arbeitsfrust auch kleinere Trumpfkarten aus: »Wenn die Arbeitsvorgänge so spät kommen, dann kann ich nicht mit der Qualität arbeiten, die der Sache angemessen wäre.« Welcher Chef kann sich diesem Charme entziehen?

»ICH KANN MICH NICHT SO SCHNELL WEHREN« – ÜBERRASCHUNGSANGRIFFE KONTERN

BEISPIEL: ÜBERFALL IM FAHRSTUHL

Es war der erste Arbeitstag nach dem Urlaub, als Frau Meier von ihrem Kollegen Spitz im Fahrstuhl mit den Worten begrüßt wurde: »Na, haben Sie sich gut erholt, während bei uns alles drunter und drüber ging?«

Frau Meier: »Wieso?«
Herr Spitz: »Sie haben es wieder mal verpasst, die Vorgänge von der Abteilung B prüfen zu lassen, bevor sie an den Kunden gingen. Die drei Beschwerden sind Ihre Leistung, ich gratuliere! Und wir mussten die Kunden und den Chef beruhigen!«
Frau Meier: »Ich verstehe nicht, was Sie meinen?«
Herr Spitz: »Eben, so was verstehen Sie nie …«
Frau Meier: »Aber was soll das …?«
Herr Spitz: »Das werden Sie morgen vom Chef erfahren, ich habe ihn schon informiert …«

> Frau Meier: »Lass mich in Ruhe, du bringst doch selbst nichts auf die Reihe! Du Loser willst doch nur von eigenen Fehlern ablenken!«
> Herr Spitz: »Das ist eine Frechheit! Auch darüber reden wir beim Chef …«

LASSEN SIE SICH NICHT ÜBERRUMPELN! Ob zwischen Tür und Angel oder während der Teamsitzung: Nicht selten wird man überraschend mit Anspielungen und Vorwürfen konfrontiert, auf die man nicht schnell genug passend reagieren kann. Man fühlt sich hilflos und gelähmt und kommt nicht mehr in die Offensive. Schlimmer noch: Häufig ärgert man sich hinterher über das eigene Versagen und macht sich Vorwürfe: »Warum habe ich nicht XY gesagt?« – Nicht selten nutzen gefrustete, genervte oder mobbende Angreifer den Überraschungseffekt, um ihr Opfer in die Enge zu treiben. Was ist zu tun?

SO LÖSEN SIE DIE BREMSE: FLOSKELN FÜR NOTFÄLLE: Schlagen Sie nicht reflexartig zurück (»Du Loser willst doch nur von eigenen Fehlern ablenken!«), wenn Sie noch keine Gegenstrategie entwickelt haben! Lassen Sie sich nicht unter Druck setzen. Versuchen Sie Zeit zu gewinnen, ohne auf die Vorwürfe näher einzugehen. Das geht relativ kraftsparend mit Gegenfragen, die man sich für schwierige Situationen parat legen kann:

- »Ich verstehe Ihren Ärger nicht, woher kommt der eigentlich?« – Damit unterstellen Sie dem Gesprächspartner eine persönliche Problematik.
- »Können Sie mir erklären, wie Sie zu Ihrer Ansicht kommen? Haben Sie die Fakten schon überprüft?« – Das zwingt den Angreifer, sich zu erklären und zu legitimieren. Das macht Druck!

Für Notfälle bieten sich »Floskeln« an, mit deren Hilfe man sich wie Münchhausen (kurzfristig!) elegant aus der Affäre ziehen kann: »Die

Behauptungen, die Sie vorbringen, sind so schwerwiegend, dass ich sie nicht vorschnell beantworten sollte. Darüber muss ich noch einmal nachdenken.« – Das signalisiert dem Gegenüber, dass Sie die Kritik ernst nehmen, ohne ihr (vorerst) zuzustimmen. Jetzt haben Sie Zeit zum Nachdenken (kann Ihnen niemand verwehren), um eine Problemlösungsstrategie zu entwickeln. Um eine Antwort kommen Sie allerdings nicht herum – nur eben etwas später, wenn Sie besser vorbereitet sind.

ANSATZPUNKTE FÜR TEAMTRAINERINNEN UND -TRAINER:
»WER SICH VERTEIDIGT, HAT ES HALT NÖTIG«

Wer sich rechtfertigt, sendet ein Zeichen der Schwäche aus und wirkt unglaubwürdig. Umgangssprachlich formuliert: »Wer sich verteidigt, hat es halt nötig.« Deshalb wird man zum Beispiel von erfahrenen Politikern nie den Satz hören: »So war damals die Sachlage und wir konnten nicht anders …« Meist heißt es dann: »Wir haben hier ein grundlegendes Problem vor uns, das müssen wir konsequent angehen!« Als Teamtrainer könnten Sie mit Ihren Teilnehmern üben, wie man problematische Sachverhalte positiv darstellen kann. Dazu muss man die Ebenen wechseln. Zum Beispiel vom Konkreten (»So war damals die Sachlage«) zum Allgemeinen (»grundlegendes Problem«). So bleibt man selbst nach vielen Fehlern souverän.

»OHNE STRESS KANN ICH NICHT ARBEITEN!«

BEISPIEL: SPANNUNGSAUFBAU VOR DER PRÜFUNG

Das hat wohl schon jeder erlebt, der eine Prüfungsarbeit zu einem Stichtag abgeben musste: Man ist von Selbstzweifeln geplagt und verschiebt den Beginn der Arbeit von einem Tag auf den anderen. Man starrt auf den Abgabetermin wie das Kaninchen auf die

Schlange und bewegt sich nicht. Spannung und Nervosität steigen, die Arbeitslähmung wird unerträglich. Doch im letzten Augenblick kommt dann doch noch die Rettung. Das »Stressprogramm« erscheint wie eine gute Fee. Es schreit laut »Ich muss jetzt« und bläst alle Selbstzweifel und Ablenkungen auf die Seite. Jetzt ist alles klar: Man kann plötzlich stundenlang intensiv arbeiten und schafft die Prüfung irgendwie – zwar nicht optimal, aber immerhin. Der Preis dafür sind extrem hohe psychische Belastungen, beispielsweise messbar an überquellenden Aschenbechern, unnötigem Streit mit dem Partner, Kopfschmerzen, Schlafstörungen und leeren Kopfschmerztablettenpackungen. Man weiß, man macht sich kaputt – aber »Es geht halt nicht anders!« und schließlich rechtfertigt der Erfolg die Mittel.

STRESS ALS DROGE: Stress funktioniert wie eine Scheuklappe. Er reduziert den weiten Panoramablick auf enge Ziele und Vorgaben. Dadurch wird die Aufgabenstellung vereinfacht und es stellt sich das (zum Teil trügerische) Gefühl von Klarheit und Sicherheit ein. Stress arbeitet so zuverlässig wie ein Autopilot: Er ignoriert störende Einflüsse und mobilisiert alle Kräfte, damit das Hauptziel erreicht werden kann. Indem er Versagensängste zuverlässig übersieht, entfaltet er seine aufputschende Wirkung. Manchmal funktioniert Stress wie eine Droge: Unerwünschte Selbstzweifel verschwinden zunächst zugunsten eines lange nicht mehr erlebten Aktivitätsdrangs.

Die Langzeitwirkung könnte aber ein Burnout sein. Nicht zufällig spricht man bei Stresstypen von Workaholics: Sie (miss-)brauchen ihre Arbeit wie andere den Alkohol. Doch hier spricht der Volksmund: »Ein Gläschen in Ehren kann niemand verwehren.« Kommt es nur darauf an, wie stark man den Stress als Arbeitshilfe einsetzt? Ein bisschen Stress schadet vielleicht nicht, wenn es nur nicht zu viel wird?

STRESS IST MANCHMAL EINE ERWÜNSCHTE ARBEITSHILFE: Man glaubt es kaum, aber der Stress hat auch seine guten Seiten. Bisweilen wird er deshalb richtiggehend herbeigesehnt, um aus dem Sumpf der Unentschlossenheit herauszukommen. Wenn Sie die Formulierung hören »Ohne Stress kann ich nicht arbeiten!« wissen Sie, dass er soeben sein Opfer gefunden hat. Stress kann wichtige Funktionen erfüllen.

- Stress konzentriert alle Kräfte auf ein Ziel.
- Er bestimmt Prioritäten und schafft Klarheit.
- Er vernichtet zuverlässig Selbstzweifel und Ambivalenzen, da er keine Zeit mehr lässt, sich damit auseinanderzusetzen.
- Er füllt den Arbeitsalltag und gibt ihm eine Struktur.
- Er gibt Kraft, indem er Störungen (kleinere Erkrankungen, quengelnde Kinder) mutig bekämpft oder ausblendet.
- Er führt wenigstens zu mittelmäßigen Ergebnissen.

DIE STRESSGEISTER FORDERN EINEN HOHEN PREIS: Die Stressgeister, die man ruft, erledigen ihre Arbeit nicht umsonst. Sie bieten zwar kurzfristig eine Erleichterung in Gestalt des Autopiloten – langfristig richten sie aber Zerstörung an.

- Stress übt einen so heftigen Druck aus, dass keine Zeit mehr zum Nachdenken bleibt. Unter Stress werden deshalb viele unsinnige oder unnötige Arbeiten erbracht.
- Er verringert die Qualität der Arbeit, da der Scheuklappenblick wichtige kreative Sichtweisen abschneidet. Ohne Kreativität sind aber Spitzenergebnisse unwahrscheinlich.
- Er ignoriert die Bedürfnisse des Umfelds (Partner, Kinder), Beziehungsschwierigkeiten sind dann die Folge.
- Er steckt den eigenen Körper in die Zwangsjacke der zu erledigenden Arbeitsaufträge. Dieser wehrt sich mit Schlafstörungen und Erkrankungen.
- Stress kostet Arbeits- und Lebensfreude. Er macht den Arbeitstag zur erdrückenden Pflicht.

STRESSTREIBER »ÜBERZOGENES VERANTWORTUNGSGEFÜHL« UND »SELBSTÜBERFORDERUNG«: Dass vor allem aus der Selbstüberforderung Leid und Unruhe entstehen, wussten schon die stoischen Philosophen der Antike (zum Beispiel Epiktet, 50–138 n. Chr.). Stress kann ein Zeichen dafür sein, dass Verantwortung für Bereiche übernommen wurde, für die man gar nicht oder nur teilweise zuständig ist. Der eigene Perfektionismus: »Ich muss das unbedingt schaffen« verbunden mit Schuldgefühlen (wenn beispielsweise die Ergebnisse nicht rasch genug vorliegen) wird dann zum Stresstreiber.

> **BEISPIEL: EIGENE VERANTWORTUNG EINGRENZEN**
>
> Da fühlt sich zum Beispiel ein Verkäufer persönlich für das gute Geschäftsergebnis verantwortlich, obwohl zum Geschäftserfolg Faktoren gehören, auf die er nur bedingt oder gar keinen Einfluss hat: Qualität und Preis der Ware, Trends, finanzielle Spielräume der Kunden und anderes mehr. Im Stress übernimmt er unglücklicherweise die Verantwortung für Bereiche, die nicht in seiner Macht stehen. Seine Handlungsfelder sind jedoch Kundenservice und Verkaufsgespräch.

Aus dieser Falle kommt man nur heraus, wenn man sich die eigenen Kompetenzen und Grenzen bewusst macht und dann die Arbeitsziele entsprechend neu formuliert.

SO LÖSEN SIE DIE BREMSE: STRESSMANAGEMENT:

- Machen Sie sich keinen Stress, indem Sie versuchen, Ihr Stressverhalten möglichst rasch abzubauen! **Stress ist ein Teil Ihrer Persönlichkeit** und hat Ihnen neben viel Druck einige Erfolge bereitet. Deshalb könnten Sie eigentlich Ihrem Stress auch etwas dankbar sein. Wenn Sie den Stress jetzt total abschalten würden, würden Sie plötzlich die Kraft des Autopiloten verlieren.
- **Verbess**erte **Arbeitsorganisation** (Erstellen von Zeitplänen, Definieren von Zielen und Meilensteinen, Sortieren der Tätigkeiten

in Prioritäten) können einem diffusen Arbeitsverhalten mehr Struktur geben. Damit schützt man sich tendenziell vor unliebsamen Überraschungen und reduziert das Stressrisiko. Die umfangreiche Literatur zum Zeitmanagement setzt in der Regel hier an. Aber ohne Reflexion der eigenen Persönlichkeit geht es nicht.
- Versuchen Sie, den Stress »in den Griff zu bekommen«. Stressmanagement erreichen Sie, indem Sie Ihr Stressverhalten bilanzieren und Feinsteuerungen vornehmen. Machen Sie für sich eine Stressbilanz. Sie können sich fragen:
  - Wann habe ich zuletzt Stress gehabt?
  - Wie habe ich den Stress erlebt?
  - Welche Vorteile hat er mir gebracht?
  - Welche Nachteile hat er mir gebracht?
  - Überwiegen die Vor- oder die Nachteile?
  - Welchen Preis bin ich bereit für den Autopiloten Stress zu entrichten?

Notieren Sie sich Ihre Ergebnisse, damit Sie gegensteuern können.

»ICH BIN OPFER UND DAS IST AUCH GUT SO!«

Kann es sein, dass jemand gern Opfer ist? Eigentlich ist das nur bei kranken Masochisten vorstellbar. Trotzdem: Emotionen am Arbeitsplatz entwickeln sich oft als ein »Opfer-Täter-Drama«, bei dem vor allem die Opferrollen sehr beliebt sind. Als Mitwirkende sind immer dabei: Hierarchiegefälle (oben bestimmt, unten hat auszuführen), »Täter«, der eine Forderung stellt, und »Opfer«, das die Forderungen unterläuft oder abwehrt.

Das »Opfer-Täter-Drama« ist für alle Beteiligten zermürbend. Es wird aber trotzdem oft aufgeführt, weil es mit (zu) einfachen Schuldzuweisungen Gefühle mobilisiert und vermeintliche Arbeitsstrukturen erklärt.

»Ich bin Opfer und das ist auch gut so!«

DAS »OPFER-TÄTER-DRAMA« BEGINNT IN DER SCHULE: In der Regel lernt man das »Opfer-Täter-Drama« als Schüler kennen. Die dabei erlebten Grundstrukturen werden dann das ganze Berufsleben weitergetragen. In der Schule gibt es Hierarchien, es werden vom Lehrer Forderungen nach Leistung und Disziplin gestellt, die von den Schülern abgewehrt werden.

> BEISPIEL: WER IST SCHULD AN SCHLECHTEN SCHULNOTEN?
>
> **Erster Akt:** Der Lehrer fordert für die Prüfungen Leistungen ein und droht mit schwerwiegenden Folgen (schlechte Noten, berufliches Scheitern), wenn den Anweisungen nicht Folge geleistet wird. Bis jetzt ist der Lehrer noch nicht »Täter«, sondern nur strenger Ermahner.
>
> **Zweiter Akt:** Nach anfänglichem Schweigen gehen die Schüler als Reaktion zunehmend in die Opferrolle. Sie kontern: »Die Notengebung ist ungerecht.«, »Der Prüfungsstoff ist nicht richtig vorbereitet.«, »Der Lehrer interessiert sich nicht für uns.«
> Die Schüler blenden die eigene Verantwortung für das Unterrichtsgeschehen zunehmend aus und sehen sich nur noch als chancenlose Arbeitssklaven. Schließlich hat man sich (etwas) angestrengt, ohne dass schulische Erfolge sichtbar geworden sind. Wenn der Lehrer nicht wahrnimmt, dass sich der Blickwinkel der Schüler immer mehr zum Selbstmitleid verengt, ist es naheliegend, dass er in die Schublade des »Täters« fällt. Warum »Täter«? Wenn sich die Schüler als »Opfer« sehen, dann muss jemand der »Unwohlverursacher« sein. Deshalb gilt: Wo ein »Opfer«, da ist auch ein »Täter« (meistens kommt als Dritter noch ein »Retter« hinzu). Der Lehrer hat nur dann eine Chance dem Verhängnis zu entgehen, wenn er den Leidensdruck der Schüler erkennt und mit ihnen gemeinsam Lösungen entwickelt.

Dritter Akt: Die Schüler schieben jetzt dem Lehrer die Schuld für ihr Versagen zu: »Diesen Unterricht kann man nicht verstehen. Der Lehrer ist schuld, wenn wir nichts lernen.«

Vierter Akt: Das »Opfer-Täter-Drama« erreicht seinen Höhepunkt, wenn der Lehrer sich ungeschickt verteidigt, die Schüler angreift und droht, wenn er zum Beispiel sagt: »Es liegt auf keinen Fall an mir! Wenn Sie richtig lernen würden, dann würden Sie meinen Unterricht verstehen! Wenn Sie aber zu bequem dazu sind, dann werden Sie es schon sehen ...« Jetzt beginnt der Kampf, der alle zermürben wird. Für die Schüler sind die Drohungen eine günstige Gelegenheit, den Lehrer in die »Täterecke« abzuschieben: Hat er nicht verunglimpft? Hat er nicht gedroht? Die Schüler sehen sich jetzt voller Überzeugung als »Opfer« und schließen sich als machtvolle Front gegen den »Täter« – den Lehrer – zusammen. Alle gegen einen: Der Unterricht wird ihm in Zukunft noch schwerer fallen.

Fünfter Akt: Der Stellungskrieg der gegenseitigen Abwertungen nimmt seinen tragischen Lauf: Der Lehrer beschuldigt die Schüler der Faulheit, die Schüler bezeichnen den Lehrer als ungerecht und unfähig, den Lehrstoff verständlich zu vermitteln. Oft suchen die Schüler, die sich als Opfer sehen, die Retter: Eltern, Anwälte, Öffentlichkeit, Verbindungs- beziehungsweise Vertrauenslehrer.

Schlussakt: Zunächst wird der Stellungskrieg unvermindert fortgeführt. Das Verhältnis ist dauerhaft gestört. Zum Todesstoß kann es bei der Abiturfeier kommen, wenn Schüler sich für die erlittenen Schuldzuweisungen mit Spottgedichten an einem Lehrer rächen und ihn in der Öffentlichkeit bloßstellen. Mit dem Zeugnis in der Tasche haben sie keinen Druck mehr zu befürchten. Jetzt spielen sie machtvoll die »Täterrolle«. Spätestens da fühlt sich der Lehrer als »Opfer«. Viele Lehrer fürchten deshalb Abschlussfeiern.

Das »Opfer-Täter-Drama« wird in Schulen »geübt« und im Berufsleben munter weitergespielt. Dabei ist häufig kaum auszumachen, wer eigentlich »Opfer« und wer »Täter« ist, weil sich die Rollen ständig verändern. Das hängt damit zusammen, dass die angeblichen »Täter« sich verteidigen, um der kränkenden Zuschreibung als »Täter« zu entgehen. Manchmal gehen sie dann zu einem Gegenangriff über, indem sie die angeblichen »Opfer« als »Mobber« bezeichnen. Vielleicht liegt gerade in diesem ständigen Rollenwechsel der Reiz des »Opfer-Täter-Dramas«. Doch handelt es sich nicht um ein nettes Spiel, denn die geschlagenen psychischen Wunden sind real.

Wie in der Schule, so gibt es auch im Berufsleben ebenfalls die drei Mitwirkenden: Hierarchiegefälle (oben bestimmt, unten hat auszuführen), ein »Täter«, der eine Forderung stellt, sowie ein »Opfer», das die Forderungen unterläuft oder abwehrt.

Manchmal werden sogar gutmütige Chefs von Teammitgliedern in die Täterecke gelockt. Bei einer weniger angenehmen Arbeit fragt man kurz nach: »Chef, ist das eine Anweisung?« Wird diese Frage kurz bejaht, kann man sich stundenlang darüber beklagen, wie brutal die Leitung sei. Anscheinend macht die Opferrolle – entgegen den Erwartungen – doch Spaß. Warum eigentlich? Das liegt daran, dass sie einige Vorteile bietet.

- **Opferrollen sind bequem und gemütlich:** Da »man hier ohnehin nichts zu sagen hat«, braucht man weder nachzudenken noch zu handeln. Das ist jetzt die Aufgabe des »Täters«: »Ich kann nichts tun, weil mein Chef …«. Der trägt dann die volle Schuld, wenn etwas schieflaufen sollte. So entledigt man sich der Verantwortung. Bösartige Mitarbeiter bemühen sich zusätzlich darum, dass möglichst bald wirklich etwas schiefläuft.
- **Das Feindbild des »Täters« stabilisiert das Team:** Als »Opfer« fühlt man sich in der wohligen Gemeinschaft Gleichgesinnter, mit denen man Rachepläne schmieden kann.
- **Im Kampf gegen den »Täter« kann sich jeder innerhalb des Teams profilieren:** ob als Clown oder als Ankläger.

- **Feinbilder geben das Recht auf Aggression:** Man musste sich »nur« verteidigen.
- **Subversive Rache vermittelt Gefühle der Souveränität.** Selbst die langweiligste Tätigkeit gewinnt an Reiz, wenn man beobachten (oder mitmachen) kann, wie »Täter« und »Opfer« im Kampf aufeinanderprallen. Damit kommt eine kleine Ecke der großen Weltkonflikte direkt erlebensnah ins kleine Team. Agententhriller pur.

Zusammengefasst: Das »Opfer-Täter-Drama« ist eine spannende Vorstellung auf der großen Bühne der Emotionen am Arbeitsplatz. Sie kann begeisternd und entlastend sein – für die Arbeitsstelle jedoch ist sie absolut destruktiv.

WIE LASSEN SICH »OPFER-TÄTER-DRAMEN« VERMEIDEN? Führungskräften und Teammitgliedern ist oft gar nicht bewusst, welche Rollen sie im »Opfer-Täter-Drama« gerade besetzen. Häufig sind sie, wie bei einem guten Computerspiel, so vom Geschehen gefangen, dass sie einzelne Handlungen nicht mehr überblicken können. Sie flüchten zu ihrer jeweiligen Peergroup – die Führungskraft zur Leitungskonferenz, der Mitarbeiter zum Team – um Aggressionen und Leidensdruck abzuladen. Das »Opfer-Täter-Drama« wird dadurch allerdings nicht gestoppt, sondern nur noch aufgeheizt, da immer mehr Personen, ob Statisten oder Hauptdarsteller, eingebunden werden.

NEUE ROLLE: THEATERKRITIKER STATT SCHAUSPIELER. Für den einzelnen (oft unfreiwilligen) Schauspieler ergibt sich eine Verbesserung erst dann, wenn er die »Bühne« emotional verlässt und in die Rolle des »Theaterkritikers« wechselt. Dieser hat bekanntlich das Drehbuch und die Leistungen von Regie und Schauspielern zu bewerten. Der Abstand zum Geschehen bringt neue Sichtweisen.

- **Eigene Opfer- und Täteranteile suchen:** Eine klare Trennung zwischen »Opfern« und »Tätern« ist, wie bei einer Schlägerei, nicht eindeutig möglich. Jeder Beteiligte trägt in sich Opfer- und

Täteranteile, die man für sich erkennen sollte. Zum Beispiel: »Ich fühlte mich wahnsinnig verletzt durch …« (Opferrolle). »Meine Reaktionen konnten als Beleidigung wahrgenommen werden, obwohl ich das eigentlich gar nicht wollte.« (Täterrolle).
Damit gesteht man nicht nur sich, sondern auch seinem Widerpart emotionale Verletzungen zu. Der differenzierte Blick auf die Abläufe, aus der Rolle des distanzierteren Beobachters, macht erlittene Kränkungen im Team diskutierbar. Das eröffnet langfristig neue Lösungsperspektiven.

- **Wo ist das Drehbuch?** Die Arbeitsstelle ist kein Selbstzweck, sondern hat einen Arbeitsauftrag. Von diesem leiten sich die erforderlichen Handlungen ab und führen dann zu den gewünschten Ergebnissen. Ein trockener Pragmatismus, der Fragen stellt, entzieht dem »Opfer-Täter-Drama« seine destruktive Energie. Fragen sind beispielsweise: »Worin sehe ich meine Aufgaben?«, »Was brauche ich, um meine Arbeit möglichst kraftsparend erfüllen zu können?«
- **Zu hohe emotionale Ansprüche an das Team reduzieren**: Hinter einer erlittenen Kränkung stehen oft sehr hohe Erwartungen an die Kollegen. Ein Team ist aber schon mit einem Minimalkonsens arbeitsfähig: »Mein Kollege hat eine Macke, aber ich kann mit ihm arbeiten.« Wenn sich einige Akteure aus dem Kampfgeschehen zurückziehen und nur noch als distanzierte »Theaterkritiker« eingreifen, indem sie aktuelle Prozesse und Ziele benennen und pragmatische Verbesserungen einfordern, dann trocknet das »Opfer-Täter-Drama« langfristig aus. Zukünftig wird die anstehende Arbeit besser verrichtet – manche werden allerdings die Dramatik der Gefühle vermissen.

> **STRATEGIEN FÜR FÜHRUNGSKRÄFTE**
>
> Das »Opfer« kommt nicht aus seiner bequemen Passivität, wenn sie ihm seine »Opferrolle« auszureden versuchen. Etwa: »Was wollen Sie denn? Sie werden doch bei uns gut behandelt!« Besser ist es, den Leidensdruck empathisch anzusprechen: »Das ist schade, wenn Sie sich bei uns nicht gut fühlen«. Sie akzeptieren damit das individuelle Leiden, aber nicht die unterstellte Schuldzuweisung. Wenn Sie das »Opfer« zusätzlich beraten: »Was können wir beide tun, damit es Ihnen besser geht?« wechseln Sie von der Täter- in die ==Helferrolle.==

»DIE ARBEIT IST NICHT ZU SCHAFFEN!« – »SCHWARZER-PETER«-SPIEL STATT PROBLEMLÖSUNG

> **BEISPIEL: WIE GROSS IST DER ARBEITSAUFTRAG WIRKLICH?**
>
> Herr Schnell ist Teamleiter in einer Maschinenbaufirma. Nach einer Kundenanfrage gibt er dem Maschinenbauingenieur Herrn Gründlich den Auftrag: »Erstelle bitte für das Projekt A beim Kunden XY einen Kostenvoranschlag.«
> »Das wird schwierig.«
> Am nächsten Tag: »Wo hast du den Kostenvoranschlag?«
> »Den habe ich erst in vier Tagen fertig. Es ist sehr kompliziert, die einzelnen Teile zu berechnen.«
> »Ich brauche den Kostenvoranschlag aber heute, ich habe das dem Kunden zugesagt!«
> »Das geht nicht, eine gründliche Arbeit erfordert Zeit, außerdem habe ich noch andere Arbeiten zu erledigen.«
> »Bist du unfähig, einen Auftrag in kurzer Zeit auszuführen?«
> »Probiere es doch selbst, die Arbeit ist nicht zu schaffen.«
> »Ich werde selbst eine Grobkalkulation erstellen.«
> »Mach' doch was du willst, du Sklaventreiber!«

»Die Arbeit ist nicht zu schaffen!«

WER SICH NICHT RECHTZEITIG ABGRENZT, BEKOMMT DEN »SCHWARZEN PETER«. Gehen wir davon aus, dass Herr Gründlich ein qualifizierter Mitarbeiter ist, der seine Arbeit immer perfekt erledigen möchte. Hier hat er sich einen Arbeitsauftrag aufdrücken lassen, den er entsprechend seinen Qualitätsansprüchen von vornherein nicht erfüllen konnte. Logisch, dass er jetzt der Blamierte ist – er hat den »Schwarzen Peter« in der Tasche. Herr Schnell sieht in ihm jetzt nur noch den Versager, der seine Zusage nicht einhält.

ZEICHEN DER KOMMUNIKATIONSSTÖRUNG: Herr Gründlich und Herr Schnell haben es versäumt, zu Beginn einen Zeitplan zu erstellen und die Aufgabe genauer zu besprechen. Dies ist meistens kein Zufall, sondern ein Zeichen dafür, dass man sich aus dem Weg geht. Anders ausgedrückt: Die beiden sprechen nur so viel miteinander, wie es unbedingt nötig ist. Ursachen für diese Kontaktvermeidung sind in der Regel negative Erfahrungen und festgefügte Vorurteile.

Herr Gründlich und Herr Schnell sitzen jetzt beide in der Falle ihrer Sprachlosigkeit. Sie kommen über ein »Wutschnauben-und-vor-sich-hin-Kochen« nicht hinaus. In dieser Stimmung kann Herr Gründlich die Komplexität der gestellten Aufgabe nicht erläutern. Vielleicht hat er schon lange resigniert, mit Herrn Schnell zu diskutieren und sich damit abgefunden, dass der »Schwarze Peter« immer in seine Tasche gleitet. Andererseits fühlt sich vielleicht Herr Schnell als Sieger, da er Herrn Gründlich wieder einmal seine Unfähigkeit nachgewiesen habe. Vielleicht wird er die Firmenleitung bei günstiger Gelegenheit darauf hinweisen. Das nützt ihm aber nicht bei seiner Problemlösung: dem Kostenvoranschlag für den Kunden. Die Fronten werden sich noch mehr verhärten und die Arbeiten zunehmend liegen bleiben. Das Lagerdenken kann jetzt vielleicht nur noch ein Außenstehender überwinden helfen.

SO WIRD DER »SCHWARZE PETER« ZURÜCKGESPIELT: Welche Verhaltensalternativen gibt es für Herrn Gründlich? Auch wenn es ihm schwerfällt, da er Herrn Schnell am liebsten aus dem Weg geht, müsste er schon bei der Auftragsübergabe nach dem Umfang und dem Zeitdruck des Kostenvoranschlags fragen. Nur so kommt er in die Offensive, denn ==Nachfragen signalisiert Interesse und Arbeitsbereitschaft== – ohne zu irgendetwas zu verpflichten. Punktgewinn ohne Arbeit sozusagen. Aber das ist nur der Einstieg. Herr Gründlich muss herausbekommen, ob der Auftrag in dem von Herrn Schnell gewünschten Zeitrahmen lösbar ist oder ob er nur in einer »abgespeckten« Form realisiert werden kann oder nur zu erledigen ist, wenn andere Arbeiten aufgeschoben werden.

Jetzt spielt Herr Gründlich den »Schwarzen Peter« an Herrn Schnell zurück. Er stellt Lösungsmöglichkeiten vor und lässt aus seinem Angebot auswählen:

- Vielleicht reicht Herrn Schnell schon eine grobe Überschlagsrechnung. Diese Kalkulation ist dann natürlich sehr ungenau und enthält ein gewisses Fehlerrisiko. Ist Herr Schnell bereit, eine oberflächliche Rechnung zu akzeptieren, wenn sie dafür innerhalb eines Tages auf dem Tisch liegt?
- Wenn Herr Gründlich die Arbeit sorgfältig und vorrangig erledigen soll, dann kann er andere Arbeiten nicht ausführen: Ist Herr Schnell bereit, auf diese zu verzichten?
- Wird jedoch die perfekte Lösung gewünscht, dann müsste Herr Schnell beim Kunden einen längeren Zeitraum für die Erstellung der Kalkulation erbitten. Kann er den Kunden davon überzeugen, wenn er ihm dafür ein präziseres Ergebnis verspricht?

Herr Gründlich stellt die Bedingungen und lässt Herrn Schnell die Wahl. Herr Schnell wird dadurch gezwungen, selbst Verantwortung zu übernehmen und sie nicht auf seinen Mitarbeiter abzuwälzen.

SO LÖSEN SIE DIE BREMSE: GEGENVORSCHLÄGE MACHEN:
- Zugegeben, manchmal gibt es in Firmen merkwürdige Ideen, die noch dazu sofort umgesetzt werden sollen. **Sagen Sie dann**

niemals: »**Nein, das mache ich nicht!**« Sie werden sonst nur als Bedenkenträger, Bremser oder Bürokrat abqualifiziert. Lassen Sie lieber Ihrem Chef großzügig den Vortritt. Antworten Sie: »Das ist eigentlich eine gute Idee, die Sie haben, die könnte ich umsetzen, wenn Sie mir entsprechende Mittel zur Verfügung stellen: Geld, Personal, bezahlte Überstunden ...«. Er wird es sich dann nochmals überlegen – oder Sie bekommen sogar die Mittel, die Sie schon lange angefordert hatten.

- **Suchen Sie Synergien.** Vielleicht lassen sich verschiedene Aufgaben miteinander kombinieren, um Zeit zu sparen.
- Vielleicht gibt es **kürzere Wege als die ausgetrampelten Pfade.** Möglicherweise sind bürokratische Hemmnisse abzustellen oder wenigstens zu umgehen.
- **Lösen Sie sich von Ihrem Perfektionismus.** Vielleicht reicht dem Kunden eine kleinere Lösung – unter Umständen ist er mit einem »Light-Produkt« zufrieden. Treiben Sie nicht Raubbau mit Ihren Kräften!
- Lassen Sie sich nicht einfach mit Arbeit vollstopfen, sondern machen Sie selbst Vorschläge. Erstellen Sie einen **Arbeitsplan,** den Sie mit Ihrem Vorgesetzten regelmäßig besprechen. Er sieht dann, was Sie wirklich leisten und muss sich gegebenenfalls für Prioritäten entscheiden. Den »Schwarzen Peter« kann man Ihnen dann nicht mehr zuspielen.

STRATEGIEN FÜR EMOTIONALE HERAUSFORDERUNGEN: Es gibt keinen Filter, der immer vor taktischen Fehlern schützt. Aber es gibt Verhaltensweisen, die das Fehlerrisiko verringern und die Erfolgschancen verbessern. Auch wenn es schwerfällt und selbst dann, wenn Sie in der Rolle des Beschuldigten sind: Gehen Sie auf die Kollegen einzeln zu und fragen Sie nach, wie sie über das Problem denken. Sie erhalten dadurch Informationen, mit denen Sie Ihren zukünftigen Verhandlungsspielraum ausloten können.

Blindes Agieren und reflexartiges Zurückschlagen verschlimmern die Lage. Lassen Sie sich nicht von Frust treiben, sondern versuchen Sie Abstand zum Arbeitsalltag zu gewinnen. Ihr Problem ist leichter anzupacken, wenn Sie es in Teilfragen auflösen.

- **Ursache:** Was ist passiert? Wer und was hat es verursacht?
- **Kollegen:** Wie sehen meine Kollegen das Problem? Gibt es gemeinsame Teaminteressen, auf die ich mich berufen kann? Welche Kooperationspartner könnten mich unterstützen?
- **Argumentation:** Welche Argumente habe ich für mein Anliegen? Welche sind starke, welche schwächere Argumente? In welcher Reihenfolge bringe ich meine Argumente ein? Mit welchen Gegenargumenten muss ich rechnen? Wie kann ich sie entkräften?
- **Ziele:** Was möchte ich maximal erreichen (optimaler Erfolg)? Was möchte ich mindestens erreichen (minimaler Erfolg)? Welche Handlungsmöglichkeiten habe ich zurzeit? Wo und wie beginne ich?

Leitung und Team

DIE ZWEI MANAGEMENTAUFGABEN DER LEITUNG: EMOTION UND ARBEITSPROZESS

Da Nähe- und Distanzwünsche sich ständig neu bilden, braucht das Team jemanden, der das *Emotionsmanagement* betreibt: die Leitung. Ihre Aufgabe ist es, die im Team segelnden Bedürfnisse und Prozesse intuitiv zu erfassen, Brücken der Kommunikation aufzubauen und Lösungen zu entwickeln. Teamflüchter werden dann verstärkt in Arbeitsprozesse eingebunden und die Teamsucher davor geschützt, Kräfte ineffektiv zu vergeuden. Außerdem sollte die Leitung den Informationsfluss innerhalb des Unternehmens sicherstellen, neue Mitarbeiter bei der Einarbeitung unterstützen und bei Konflikten vermitteln. Die Leitung wird dann zu einer emotionalen »Serviceagentur«.

Einspruch! Viele Leitungen (wahrscheinlich »Teamflüchter«) verweigern sich den Emotionen im Team. Meistens bringen sie zwei Argumente vor.
- Erstens: Leitungen haben die gesteckten Arbeitsziele zu erreichen oder gar zu übertreffen – alles andere sei nicht ihre Aufgabe.
- Zweitens: Es wird zwar immer Mitarbeiter geben, die mit problematischen Emotionen Teams belasten, aber von diesen müsse man sich (lieber zu schnell als zu langsam) trennen. Dafür gäbe es gute Anwälte …

Zu Erstens: Richtig ist, dass ein Team, trotz aller Emotionen, den Arbeitsauftrag im Blick behalten sollte. Ein Team ist kein Selbstzweck, sondern auf zu erreichende Ziele orientiert. Der Leitungsauftrag steht auf zwei Beinen: dem Emotionsmanagement *und* dem Arbeitsprozessmanagement. Wenn ein Bein einknickt, dann strauchelt auch bald das andere. Erst die richtige Mischung aus Einfühlung und

<mark>Klarheit sichert den Erfolg.</mark> Siehe dazu die Gesprächsführung »Kritik ohne Angriff«.

Zu Zweitens: Es gibt viele Chancen der Arbeitssteigerung vor einer Kündigung. Anwälte sind dann gar nicht mehr erforderlich. Viele Mitarbeiter erreichen die Arbeitsanforderungen nur deshalb nicht, da ihnen Arbeitsstrategien unklar vermittelt wurden.

RISIKEN BEI EINER KÜNDIGUNG

ERSTES RISIKO: EINE ANGEDROHTE KÜNDIGUNG IST OFT ARBEITSRECHTLICH NICHT DURCHFÜHRBAR.

> **BEISPIEL: LEERE DROHUNGEN LÖSEN KEINE PROBLEME**
>
> Die neue Leitung droht der häufig überforderten und deshalb leistungsschwachen Assistentin mit baldiger Kündigung. Diese reagiert darauf so gestresst, dass sie längerfristig erkrankt. Während bisher vielleicht noch 50 Prozent der Arbeitsleistung erbracht wurden, so sind durch die ungeschickte Intervention der neuen Leitung kurzfristig nur noch null Prozent vorhanden. Langfristig hat sich das Arbeitsverhältnis wesentlich verschlechtert. Sie ist nach der Krankheit noch nervöser und fehleranfälliger als vorher geworden, da sie sich der ständigen Ablehnung ihrer Chefin ausgesetzt sieht. Außerdem erweist sich die Mitarbeiterin wegen langer Betriebszugehörigkeit als unkündbar.

In der Jägersprache bezeichnet man das Verhalten der Leitung als »Streifschuss«: das angeschossene und verletzte Wild rennt voller Panik durch den Wald und macht alle anderen nervös. Richtig wäre hingegen ein Blattschuss (kurzes und schmerzloses Erlegen durch eine realisierbare Kündigung) gewesen oder – falls nicht möglich – gar nicht zu schießen. Vielleicht hätte sich die Arbeitsleistung durch etwas Einfühlungsvermögen der Leitung wenigstens von 50 auf

75 Prozent steigern lassen – zwar immer noch unbefriedigend, aber besser als der »Streifschuss«.

ZWEITES RISIKO: EINE KÜNDIGUNG KANN DAS TEAM INSGESAMT VERUNSICHERN UND SCHWÄCHEN. ==Abmahnungen und vor allem Kündigungen verunsichern Teams,== denn ==jeder fürchtet das nächste »Opfer« zu werden.== Deshalb führen Kündigungen im Team oft zu völlig unerwarteten Solidarisierungen mit den Gekündigten! Wenn eine Kündigung kurzfristig nicht möglich ist, kommt es zu einer die Teamatmosphäre belastenden längerfristigen Ausgrenzung eines oder mehrerer Teammitglieder und damit zu einer Schwächung der Arbeitsleistung. Die Aufgabe einer Leitung ist aber genau das Gegenteil davon: Sie soll ==das vorhandene Arbeits- und Persönlichkeitspotenzial ihres Teams== steigern.

DRITTES RISIKO: EINE ZU TEURE KÜNDIGUNG UNTERGRÄBT DIE EIGENE STELLUNG. Oft wird eine Leitung, die sich bei ihrem Vorgesetzten über den schwierigen Mitarbeiter X beklagt, in ihrer Haltung (vorsichtig) unterstützt. Aber: Nach einem verlorenen Arbeitsgerichtsprozess, der zudem sehr teuer geworden ist, wächst bei der Unternehmensleitung häufig rückwirkend das Interesse am Fall X. Mit dem Urteil des Arbeitsgerichts in der Hand wird dann der Leitung eine krasse Fehleinschätzung unterstellt – aus dem Ankläger im Fall X wird der Angeklagte. Die Kündigung wird zum Eigentor. Führungskräfte, die häufig Abmahnungen und Kündigungen aussprechen, werden deshalb schnell selbst zum Problemfall für die Firma. Denn verlorene Arbeitsgerichtsprozesse verursachen Kosten und schädigen zudem das Renommee der Firma.

Im dritten Fall wird die sogenannte ==»Sandwichposition«== der Leitung deutlich. Sie steht unter einem ==doppelten Druck:== einerseits vom Team und andererseits vom Vorgesetzten. Noch treffender kann man die Position einer Leitung auch als ==»Bandscheibe«== beschreiben: Bandscheiben liegen zwischen zwei Knochen der Wirbelsäule und müssen bei jeder Bewegung den Druck von oben und unten ausgleichen. Wenn sie ihrer Aufgabe nicht mehr gewachsen sind, dann kommt es zu einem schmerzhaften Bandscheibenvorfall (tatsächlich leiden viele Führungskräfte unter Rückenschmerzen).

LEITUNG UND MACHT

Leitungen besitzen mehr Macht als das durchschnittliche Teammitglied. Ihre Macht besteht zum Beispiel im:
- Zuteilen der Arbeiten an die Teammitglieder
- Einteilen der Arbeitszeiten und Urlaubspläne
- Genehmigen oder Ablehnen von Überstunden
- Genehmigen oder Ablehnen individueller Vergünstigungen
- Festlegen der Arbeitsziele und Schwerpunkte
- Anschaffen von Arbeitsmaterial und Gerätschaften
- Überwachen der Arbeitsergebnisse, Qualitätssicherung
- Befürworten oder Verweigern von Gehaltserhöhungen und Beförderungen
- Genehmigen oder Ablehnen von Teamtraining oder anderen Weiterbildungsmaßnahmen
- Aussprechen (meist in Rücksprache mit Vorgesetzten) von Ermahnungen, Abmahnungen und Kündigungen
- exklusiven Zugang zum Kreis der »höheren« Führungskräfte
- exklusivem Teilnehmen an speziellen Besprechungen und Schulungen. Dies bedeutet einen Informationsvorsprung gegenüber den Mitarbeitern.

Aber auch das Team besitzt Macht, zum Beispiel:
- Es umfasst zahlenmäßig mehr Personen als Leitung und Leitungsstellvertreter zusammen.
- Es kann die Leitung vom teaminternen Dialog ausschließen.
- Es kann Anordnungen unterlaufen.

- Es kann Arbeitsziele sabotieren.
- Es kann negative Stimmung über ihre Leitung verbreiten.

Grundsätzlich ist Macht positiv zu sehen. Sie ermöglicht es, die Ziele, die man sich vorgenommen hat, zu erreichen. Ohne Macht kommt man zu keinen planbaren Ergebnissen. Macht bedeutet einerseits auch Verantwortung – wer eine Entscheidung fällt, muss für die Folgen geradestehen. Andererseits kann Macht beim Gegenüber Angst, Hilflosigkeit und Lähmung auslösen. Die Machtkarte sollte man deshalb bewusst und umsichtig ausspielen.

Leitungsmacht wird dann nicht destruktiv, wenn man sie in Emotionsmanagement einbindet: Wenn bei der Machtausübung die Emotionen der Mitarbeiter reflektiert und berücksichtigt werden. Daraus ergibt sich das folgende Koordinatensystem.

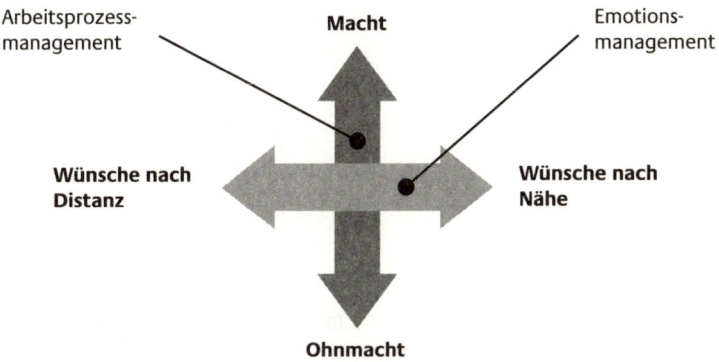

EMOTIONSMANAGEMENT: HORIZONTAL ZWISCHEN DEN POLEN »WÜNSCHE NACH DISTANZ« UND »WÜNSCHE NACH NÄHE« Die Leitung bringt allen Teammitgliedern Aufmerksamkeit und Einfühlung entgegen. Sie ist »Kümmerer« und Brückenbauer bei Reibungen und Konflikten im Team. Mit emotionaler »Teampflege« schafft sie die Voraussetzungen für die gute Zusammenarbeit.

ARBEITSPROZESSMANAGEMENT: VERTIKAL ZWISCHEN DEN POLEN »MACHT« UND »OHNMACHT«. Leitungsmacht bedeutet, dass man Entscheidungen durchsetzt und dass andere mit weniger Macht mit diesen leben müssen. Macht hat deshalb immer auch seinen Gegenspieler im Gepäck: die Ohnmacht der weniger Mächtigen. Leitungsmacht darf nicht zum Selbstzweck werden, sondern muss sich einem Ziel unterordnen: der Verbesserung der Arbeit. Qualität wird gesichert, Arbeitsergebnisse werden erreicht, Hemmnisse überwunden. Schwächen im Team oder in der Organisation werden durch eine geschickte Aufgabenteilung so ausgeglichen, dass sie nicht zur Wirkung gelangen können. Machtbewusste Organisation und Struktur gibt dem Team deshalb Klarheit und Sicherheit.

Eindimensional, zum Beispiel nur mit Arbeitsanweisungen, lässt sich ein Team nicht führen. Die Emotionen im Team müssen ebenfalls gemanagt werden. Klarheit und Emotion im Kombipack versprechen die größten Erfolge.

DIE LEITUNGSPHILOSOPHIE FÜR DIE GUTE KOOPERATION
Wer gerade auf die Leitungsebene befördert wurde, hat ein Recht darauf, sich darüber zu freuen. Eine Leitungsstelle bringt (hoffentlich) mehr Geld, mehr Einfluss, mehr Informationen, mehr Prestige, mehr Handlungsspielräume – aber sie hat auch ihren Preis. Leitung bedeutet den Abschied aus der »kuscheligen« Teamatmosphäre in die sauerstoffarme Einsamkeit der Leitungshöhen. Wenn die Leitung überraschend den Gruppenraum betritt und die zuvor regsame Diskussion plötzlich verstummt, dann weiß sie, dass sie nicht mehr so richtig zum Team dazugehört. Sie wird jetzt vom Team als »Chefin oder Chef« wahrgenommen: wichtig und bedrohlich zugleich.

Eine gute Vorbereitung auf die neue Leitungsaufgabe ist deshalb sinnvoll. Wer sich beispielsweise als Dienstleister für Teamemotionen *und* optimale Arbeitsprozesse sieht, wird mehr Erfolg haben als unsensible »Macher«. Wichtig ist da eine Leitungsphilosophie, also

Die zwei Managementaufgaben der Leitung

die Summe der Werthaltungen und Sichtweisen, die das berufliche Handeln bestimmen. Manche Haltungen sind tendenziell problematisch, andere eher förderlich.

PROBLEMATISCHE HALTUNGEN	FÖRDERLICHE HALTUNGEN
»Ich habe meine Leitungsstelle für meine bisherigen Verdienste erhalten.« Falsch: Eine Beförderung ist nicht mit einem Verdienstorden zu verwechseln. Sie haben die Leitungsstelle erhalten, weil man Ihnen aufgrund Ihrer bisherigen Leistungen eine schwerere Aufgabe zutraut. Das kleine »Kapital« Ihrer bisherigen Erfolge ist bei der Geschäftsleitung rasch verspielt, wenn Sie zukünftig keine Erfolge vorweisen können.	*»Die Firma hat meine Eignung getestet und kam zu einem positiven Ergebnis.«* Viele neue Leiter überkommen Selbstzweifel, wenn sie die angestrebte Stelle erhalten: »Bin ich für diese Stelle wirklich geeignet?« Selbstzweifel sind positiv, da sie motivieren, Veränderungen überlegt und gut abgestimmt anzugehen. Aber zu viele Selbstzweifel sind beim Leitungsstart unnötig. Denn nach einem Auswahlverfahren hat sich Ihr Arbeitgeber für Sie entschieden.
»Ich wurde Leiterin, weil ich fachlich die Beste bin.« Sehr ungünstig: Sie bekamen die Leitung, weil Sie ein Team oder eine Abteilung führen sollen. Ihre fachliche Qualifikation ist zwar wichtig, aber zweitrangig. Vorsicht: Ihr Siegeranspruch bringt Sie in unfruchtbare Konkurrenzkämpfe!	*»Als Leiterin muss ich auf Qualität achten.«* Das Ergebnis muss stimmen. Dazu ist erforderlich, dass Sie die Qualifikation Ihrer Mitarbeiter richtig einschätzen können und gegebenenfalls Defizite mit Supervision, Coaching oder Fortbildung reduzieren.
»Ich kann nur mit absoluten Topleuten arbeiten.« Problematisch: Wann hat man nur absolut Topleute? Mit dieser Haltung sind Enttäuschungen programmiert. Außerdem neigt man dazu, die vorhandenen Fähigkeiten zu entwerten.	*»Meine Arbeitsbedingungen sind nicht perfekt, aber ich werde damit das bestmögliche Ergebnis erzielen.«* Es gibt zwei Möglichkeiten, Betriebsergebnisse zu verbessern: Krafteinsatz dort, wo das Nutzen-Aufwand-Verhältnis am höchsten erwartet wird. Und: Schwächen reduzieren, Schäden begrenzen.

PROBLEMATISCHE HALTUNGEN	FÖRDERLICHE HALTUNGEN
»*Auch wenn ich jetzt Leiter bin, ich bin immer noch derselbe.*« Problematisch: Als neuer Leiter haben Sie Macht gewonnen. Sie sind deshalb für Ihre Kollegen gefährlicher als ein einfaches Teammitglied. Manche Dinge wird man Ihnen jetzt nicht mehr erzählen, denn Sie sind ein anderer geworden.	»*Leiter müssen etwas Einsamkeit vertragen können.*« Es sollte Sie nicht kränken, wenn man Sie von privaten Plaudereien ausschließt. Vielmehr erkennen Sie daran, dass Ihr Team Ihre Leitungsrolle verstanden hat und Sie als Chef akzeptiert.
»*Wenn ich nichts auszusetzen habe, dann ist das doch automatisch ein Kompliment!*« Falsch: Wenn Sie Ihren Mitarbeitern positives Feedback verweigern, wird man Ihnen Unzufriedenheit unterstellen.	»*Ich zeige meinen Mitarbeitern, dass ich mich für sie interessiere.*« Schenken Sie Ihren Mitarbeitern Aufmerksamkeit: Sprechen Sie mit ihnen, wie es ihnen mit der Arbeit geht.
»*Mit mir kann jeder reden, er muss halt was sagen.*« Problematisch: Manche Mitarbeiter können ihre Nöte, Bedürfnisse und Beobachtungen aus unterschiedlichen Gründen nicht formulieren. Als Leiter sollte man deshalb den ersten Schritt machen und auf seine Mitarbeiter zugehen.	»*Ich gehe auf meine Leute zu, um herauszubekommen, wie sie denken und fühlen.*« Im Arbeitsalltag neigen viele Mitarbeiter zum Tunnelblick. Einige Minuten wohlwollende Aufmerksamkeit von der Führungskraft entspannt und motiviert.
»*Gute Leute laufen von selbst, Problemfälle kann ich ohnehin nicht lösen. Ich setze meine Kraft für die Mittleren ein.*« Problematisch: Als Leiter sind Sie für alle Ihre Mitarbeiterinnen und Mitarbeiter da. Vorsicht: Die Leistungsstarken verlieren ihre Arbeitsfreude, wenn Sie wenig beachten.	»*Meine Mitarbeiter brauchen mich als Koordinator.*« Unterschiedliche Mitarbeiter, mit spezifischen Fähigkeiten und Leistungsstärken, müssen mit den betrieblichen Erfordernissen vernetzt werden. Das ist Ihre Hauptaufgabe.

Die zwei Managementaufgaben der Leitung

PROBLEMATISCHE HALTUNGEN	FÖRDERLICHE HALTUNGEN
»*Die Leute sollen froh sein, dass sie bei uns eine Anstellung haben. Wer nicht spurt, den setze ich raus.*« Sehr ungünstig: Mit Demütigungen und Angst erreichen Sie im besten Fall nur mittelmäßige Leistungen. Außerdem könnte die Ursache eines unmotivierten Teams auch beim Chef oder bei der Chefin selbst liegen.	»*Wir sind aufeinander angewiesen.*« Häufig werden Arbeiten nur deshalb nicht erledigt, weil der Informationsfluss und die Abstimmungen fehlen. Mit einer klaren Kommunikation können Sie Ihr Team weit nach vorn bringen!

UNERFÜLLBARE WÜNSCHE DER MITARBEITER?

In vielen Unternehmen herrscht noch das überkommene Ideal der Bescheidenheit. Das ist vor allem dann widersprüchlich, wenn man selbst seine Kunden zum permanenten Konsum anreizt. Deshalb werden manchmal Mitarbeiterwünsche von Leitungen als »anmaßende Kritik« gewertet. Ein klassisches Missverständnis: Der Wünschende wollte nicht kritisieren, sondern Anregungen für Verbesserungen liefern.

In den Mitarbeiterwünschen stecken sehr viele Informationen über aktuelle Gemütslagen am Arbeitsplatz. Deshalb ist es sinnvoll, wenn Leitungen ihre Teams nach Erwartungen an die Firma und an eine gute Führung fragen. Emotionsmanagement bedeutet auch Wunscherfüllung – soweit sie mit den übergeordneten Zielen vereinbar ist. Während kleinere Wünsche nach verbesserter Arbeitsorganisation oder Ausstattung meist leicht umzusetzen sind, sind die Erwartungen an den Führungsstil bisweilen problematisch. Vor allem gutmütige und hilfsbereite Mitarbeiter haben Erwartungen an ihre Leitung, die nicht zu erfüllen sind. Zum Beispiel: Unsere Leitung soll immer für uns Zeit haben, Arbeitsfehler schnell verzeihen, selbst aktiv an der Basis mitarbeiten, uns vertrauen, unterstützen und vieles mehr.

Vom Christkind darf man sich alles wünschen – die Frage ist nur, was am Heiligen Abend dann tatsächlich auf dem Gabentisch liegt. Ähnlich ist es im Team: **Wünsche verdienen grundsätzlich Wertschätzung, da in ihnen viel Ehrlichkeit enthalten ist.** Auch Träume sind gestattet – warum nicht? Aber was tun, wenn sie nicht erfüllbar sind? Wenn es für den Kaffee keinen Zucker gibt, dann probiert man es mit Süßstoff oder erklärt mit Bedauern, warum heute leider kein Zucker vorhanden ist – aber man schüttet kein Salz in das anregende Getränk, auch wenn es so ähnlich wie Zucker aussieht. Unerfüllbare Teamwünsche müssen daher nicht abgeschmettert oder versalzen werden, wenn man dafür einen sinnvollen Ersatz besorgen kann.

In der Regel lassen sich Teammitglieder auf praktikablere Lösungen hin orientieren, wenn sie spüren, dass man sie verstanden hat und sie ernst nimmt. Das Emotionsmanagement könnte dann folgendermaßen aussehen:

WAS WOLLEN – UND WAS BEKOMMEN DIE MITARBEITERINNEN UND MITARBEITER VON IHRER LEITUNG? (MÖGLICHE TEAMERWARTUNGEN)	
Warum diese Teamwünsche problematisch sind:	Das können Sie dem Team stattdessen bieten:
»*Meine Chefin/mein Chef soll mir immer vertrauen ...*«	
Am Arbeitsplatz werden die definierten Ziele laufend überprüft. Keine Leitung darf hier einen Blankoscheck ausstellen! Denn es geht um entlohnte Leistungen entsprechend dem Qualitätsstandard. Vertrauen ist in Freundschaft, Familie und Liebesbeziehung gut aufgehoben, am Arbeitsplatz aber nur in Grenzen sinnvoll.	**Aufmerksamkeit:** Hinter dem Wunsch nach Vertrauen steckt ein Beziehungswunsch. Man möchte von der Leitung gesehen, wahrgenommen und respektiert werden. Geben Sie Ihrem Team Aufmerksamkeit anstelle von blindem Vertrauen. Zeigen Sie Interesse an Arbeitsabläufen und persönlichen Befindlichkeiten – das reicht.
»*Meine Chefin/mein Chef soll immer hinter mir stehen ...*«	

Die zwei Managementaufgaben der Leitung

WAS WOLLEN – UND WAS BEKOMMEN DIE MITARBEITERINNEN UND MITARBEITER VON IHRER LEITUNG? (MÖGLICHE TEAMERWARTUNGEN)	
Dieser Wunsch weckt Assoziationen an den »Schutzengel«, der die Mitarbeitenden auf allen Wegen schweigend begleitet. In Wirklichkeit müssen Leitungen aber auch Fehlverhalten ansprechen und nicht nur ertragen und akzeptieren.	**Unterstützung:** Als Leitung ist es Ihre Aufgabe die geleistete Arbeit zu verbessern. Bieten Sie deshalb Unterstützung an, wo immer Sie diesem Ziel näherkommen können: bei Konflikten vermitteln, unsichere Mitarbeiter coachen, bei Zeitdruck im Team selbst mitanpacken. Zeigen Sie Ihrem Team, dass Sie hinter ihm stehen, indem Sie es unterstützen.
»Meine Chefin/mein Chef soll mir einen guten Arbeitsplan erstellen …«	
Gute Information und Organisation nehmen viel Stress aus einem Team. Die Leitung muss allerdings für *alle* Beteiligten günstige Lösungen entwickeln. Individuelle Bevorzugungen führen zu Teamkonflikten.	**Struktur:** Die Produktpräsentation ist noch zu planen, Expertengespräche nicht abgeschlossen, der Urlaubsplan steht noch aus. Hier braucht ein Team seine Leitung, damit Chaos vermieden und die Arbeiten rechtzeitig erledigt werden können. Lebendige Struktur für alle ist besser als Vergünstigungen für Einzelne.

Eine Leitung, die ständig die Bedürfnisse ihres Teams abwehrt, erreicht (bestenfalls) mittelmäßige Arbeitsergebnisse. Stattdessen ist die Zusammenarbeit auf der Basis gegenseitiger Akzeptanz der Schlüssel für zukünftige Erfolge.

Ein Team lässt sich ohne Hexerei optimieren, wenn man ihm Folgendes gibt:
- Aufmerksamkeit
- Unterstützung
- Struktur

Eigentlich lassen sich Teams ganz gut zufriedenstellen.

»UNSER CHEF IST EINE NULL UND SCHÄTZT UNS NICHT« – EMOTIONALE VERWIRRUNG BEI TEAM UND LEITUNG

Angenommen alle Erfordernisse des täglichen Betriebs sind im Leitbild, im Arbeitsverteilungsplan, im Kompetenzprofil und bei der Zielklärung gut geordnet. Von kleineren Störungen abgesehen, müsste die Arbeit eigentlich hervorragend klappen – wenn da die Emotionen nicht wären. Unter der Ebene der Sachfragen und Sachzwänge tut sich jedoch manchmal ein Abgrund der Irrationalitäten auf. Es kommt dann zu extrem harten Kämpfen zwischen Team und Leitung, die zu gegenseitigen massiven Abwertungen (»Der ist machtgeil!« – »Die sind verrückt geworden!«) und juristischen Auseinandersetzungen führen können.

Während die betroffenen Kämpfer voller Überzeugung an ihrem »Kreuzzug« festhalten, kann man sich als Außenstehender die Dynamik nur schwer erklären. Der Albtraum jeder Führungskraft ist ein Team, das hochemotional und erregt gegen sie kämpft, ohne dass die Konfliktursachen, geschweige denn Konfliktlösungen, erkennbar sind. Gefühle der Machtlosigkeit stellen sich dann ein: ob Zugeständnisse oder Sanktionen, keine Handlung beruhigt, sondern verschlimmert nur die Auseinandersetzung. Team und Leitung drehen sich wie in einem immer schneller laufenden Hamsterrad, aber kommen nicht von der Stelle. Selbst Kommunikationsprofis sind davor nicht gefeit. Im Gegenteil – manchmal sind sie sogar besonders gefährdet.

> **BEISPIEL: ABWERTUNG SCHLIESST EIGENE WERTSCHÄTZUNG AUS**
>
> Die Mitarbeiter des sozialpsychiatrischen Beratungsdienstes beklagen sich in den Supervisionssitzungen häufig über ihren Vorgesetzten. Schlecht organisiert, fachlich inkompetent, narzisstisch und karrieregeil sei er, und ohne Mitgefühl für seine Mitarbeiter. Die »problematische Persönlichkeit« des Chefs wird immer wieder ana-

> lysiert und um zahlreiche psychiatrische Krankheitsbilder erweitert. Für das Team ist er der »schwierigste Klient«. Viel Energie und wertvolle Arbeitszeit wird dadurch gebunden. Als Außenstehender geht man davon aus, dass es sich bei der Leitungskraft um eine offensichtliche Fehlbesetzung handelt.
> Doch plötzlich fällt der Satz »Unser Chef ist eine Null und schätzt uns nicht«. Diese Bemerkung überrascht. Kann denn die Wertschätzung eines Vorgesetzten, den man soeben als Null und Psychopathen beschrieben hat, überhaupt wichtig sein?

ZEICHEN FÜR SICH WIDERSPRECHENDE ERWARTUNGEN: Wenn die Einzelteile einer Kommunikation zusammen kein halbwegs schlüssiges Bild ergeben, liegen Widersprüche vor. Widersprüche sind Wegweiser, die auf tiefer liegende Konfliktursachen hinweisen. Zum Beispiel achtet man das Wort eines Menschen, den man schätzt. Auf das Lob eines Versagers kann man dagegen, so sollte man meinen, gut verzichten. Gelingt es trotzdem nicht, dann liegen diffuse und verdeckte Empfindungen vor, die das Arbeitsklima beeinflussen. Im genannten Fall sind folgende Widersprüche und Ambivalenzen sichtbar:

- Die Mitarbeiter des sozialpsychiatrischen Beratungsdienstes erwarten eine Wertschätzung, die sie selbst ihrem Chef (»der Null«) nicht geben können. Wenn das Sprichwort »Wie man in den Wald hineinruft, so tönt es heraus« seine Gültigkeit besitzt, dann ist nach den massiven Abwertungen durch die Mitarbeiter kein anderes Verhalten des Chefs zu erwarten.
- Selbst wenn die Mitarbeiter die erhoffte Anerkennung bekämen, würde sie wahrscheinlich von ihnen nicht angenommen werden. Lob würde als Bestechung, Schleimen oder Ähnliches abqualifiziert. Wen freut schon das Lob einer »Flasche« oder eines »Psychopathen«?
- Wenn die Anerkennung trotzdem gesucht wird, ist dies ein Zeichen dafür, dass das Team an seinem Chef hängt. Es besteht eine

tiefe emotionale Beziehung zu ihm, obwohl man ihn laufend abwertet. Das Team sucht seine Nähe und stößt ihn gleichzeitig zurück. Die Botschaften an den Vorgesetzten sind doppelbödig und widersprüchlich – die Reaktionen des Chefs werden es auch sein. Die Verwirrung ist perfekt.

Offensichtlich stimmt hier die Kommunikation zwischen Chef und Team überhaupt nicht.

WELCHE KONFLIKTURSACHEN SIND DENKBAR?
- Das Team hat sich selbst verwirrt, da es den Chef einerseits als Wertschätzung verweigernden Vorgesetzten, andererseits als behandlungsbedürftigen Psychopathen sieht. Es findet deshalb keinen Weg, wie es mit ihm geschickt umgehen kann.
- Der Chef hat das Team verwirrt, da er zwar in den ersten Wochen locker und kumpelhaft aufgetreten ist, aber dann – zum Beispiel mit Abmahnungen – seine Zähne gezeigt hat. Das Team sieht sich getäuscht und ist gekränkt.
- Einige einflussreiche Teammitglieder sind vom Chef stark enttäuscht. Vielleicht wurde dieser zu Beginn seiner Tätigkeit als »Retter« gesehen, der Leidensdruck wegblasen, die Umsatzzahlen steigern und das Arbeitsklima zugleich stark verbessern könne. Man lobte das Charisma des Chefs und verklärte ihn zum »Guru«, der souverän immer über den Widrigkeiten des Alltags stehen würde. Trotz aller inzwischen aufgehäuften Enttäuschungen wird das Guru-Ideal noch nicht vollständig fallengelassen.
- Der Chef selbst hat fahrlässig Veränderungen versprochen, die er nicht erfüllen konnte. Nach einiger Zeit, nachdem das versprochene »Paradies auf Erden« sich nicht verwirklichen ließ, scheitern Chef und Team gemeinsam an den überzogen hohen Erwartungen der Vergangenheit. In diese Falle stürzen auch viele Politiker, wenn sie großzügig Reformen versprechen, die letztendlich nicht realisierbar sind.

- Das Team ist über den Wert der eigenen Tätigkeit verunsichert. Da es vom Chef keine Aufmunterung erhält, werden Versagensängste auf ihn projiziert. Das Team sucht sich einen Sündenbock und der Vorgesetzte ist so unbeholfen, dass er sich dieser Zuschreibung nicht entziehen kann.
- Einzelne Teammitglieder verbreiten Gerüchte oder Bedrohungsszenarien, wodurch im Team eine schwer fassbare paranoide Stimmung entstehen kann. Selbst gut gemeinte Konfliktlösungsversuche haben dann keine Chance mehr.
- Das Team schätzt seinen Chef weiterhin als Autorität, obwohl dieser einige Kollegen massiv gekränkt hat. Diese Ambivalenz entsteht, wenn der Chef zum Beispiel trotz zahlreicher Fehlleistungen bei der Teamkommunikation einen fachlich unangreifbar guten Ruf oder eine besonders hochwertige berufliche Kompetenz besitzt. Das Team kann die fachliche nicht von der persönlichen Kompetenz trennen und schafft es deshalb nicht, angemessen auf ihn zu reagieren. Es bleibt in der emotionalen Ambivalenz stecken.
- Einzelne Teammitglieder fühlen sich dem Chef moralisch verpflichtet, da er ihnen zum Beispiel bei der Karriere geholfen oder Arbeitsfehler wohlwollend ignoriert hat.
- Das Team findet keine Möglichkeit, den Chef aus der täglichen Arbeit herauszuhalten. Entweder lässt der Vorgesetzte dem Team keine Chance dazu oder das Team schafft es nicht, sich klar genug abzugrenzen. Damit wird aber eine pragmatische Lösung durch Aufgaben- und Kompetenzenklärung verhindert.

DER GRÖSSTE FÜHRUNGSFEHLER: EIN ZICKZACKKURS. Nährboden für emotionale Ambivalenzen im Team sind eingestürzte Idealisierungen und Hoffnungen, fahrlässige Versprechungen, unklare Arbeitsziele und vor allem ein Zickzackkurs der Leitung. Es gibt viele Führungsstile: persönlich-nah oder pragmatisch-distanziert, kreativ-chaotisch oder korrekt-bürokratisch. Jeder Führungsstil ist möglich, solange er zur jeweiligen Persönlichkeit passt. Schon nach einigen Monaten Gewöhnungszeit stellen sich Team und Leitung aufeinander ein. Man kennt die gegenseitigen Erwartungen und kann Anforderungen und Reaktionen von vornherein einschätzen. Diese Sicherheit stabilisiert die Zusammenarbeit. Ein Zickzackkurs aber – also mal sehr nah, dann plötzlich ablehnend-distanziert – ist ein absolutes No-Go. Er führt zur totalen Verwirrung bei den Mitarbeitern und katapultiert die Leitung aus dem Team.

BEISPIEL: ZICKZACKKURS VERSPIELT GLAUBWÜRDIGKEIT

Emotionale Nähe: Die neue 45-jährige Chefin leitet ein Team mit fünf etwa gleichaltrigen Frauen. In diesem Team herrscht emotionale Nähe. Alle stehen zueinander auf »Du«. Bei Arbeitsbeginn begrüßen sie sich manchmal mit einem Küsschen. Die emotionalen Erwartungen sind hoch.

Kalter Formalismus: Die Teammitarbeiterinnen sind deshalb völlig überrascht, als sie eines Tages eine E-Mail mit der Anweisung erhalten, in der sie alle aufgefordert werden, den Dienstschlüssel an den Hausmeister abzugeben. Zwar hat in einer Nachbareinrichtung ein Mitarbeiter seinen Schlüssel verloren und dadurch hohe Kosten verursacht – die Mitarbeiterinnen fühlen sich jedoch durch die Schlüsselabgabe in eine ungerechte Kollektivhaftung genommen. Eigene Schlüssel sind beliebte Statussymbole, man spricht deshalb auch von »Schlüsselgewalt«, die man nicht ohne Weiteres abgibt. Die Mitarbeiterinnen sind vor allem über den formalistischen Akt der Anweisung schockiert, da sie bei der Problemlösung nicht einbezogen wurden.

Bei der nächsten Teamsitzung machen sie gegenüber ihrer Chefin ihren Ärger deutlich: »Du hättest mit uns die Sache vorher besprechen sollen, dann hätten wir doch gemeinsam eine Lösung finden können!«

> **Emotionale Nähe:** Die Chefin bricht jetzt vor den Kolleginnen in Tränen aus: »Was seid ihr für Furien, ich habe doch genügend Probleme mit meinem Partner, ich weiß gar nicht, was ich machen soll ...« Die Mitarbeiterinnen sind jetzt wieder überrascht und fühlen sich sogar als Täterinnen angeklagt. Sie nehmen Rücksicht auf die angespannte private Situation ihrer Leitung und versprechen, die Angelegenheit fürs Erste zu vergessen.
>
> **Kalter Formalismus:** Eine Woche später erhalten die Teammitarbeiterinnen eine weitere Dienstanweisung. Dieses Mal wird angeordnet, dass das Arbeitsmaterial (Briefumschläge, Schreibgeräte und so weiter) nicht mehr selbst dem Vorratsraum entnommen werden darf, sondern bei der Sekretärin gegen Empfangsunterschrift abgeholt werden muss. Wieder eine massive Einschränkung der Rechte, wieder ein unterstellter Verdacht (Mitarbeiter stehlen Büromaterial). Die empörten Kolleginnen stellen bei der nächsten Teamsitzung ihre Chefin wieder zur Rede.
>
> **Emotionale Nähe:** Die Chefin bricht wieder emotional zusammen und berichtet wieder von ihren persönlichen Problemen.
>
> **Glaubwürdigkeit verspielt:** Doch dieses Mal bekommt sie keine Schonung mehr. Das Team hält sie für unglaubwürdig, nimmt sie nicht mehr ernst und lehnt die Zusammenarbeit mit ihr ab.

ANSATZPUNKTE FÜR TEAMTRAINERINNEN UND -TRAINER: MINEN ENTSCHÄRFEN STATT REFERIEREN

Was machen verzweifelte Führungskräfte, die zu einem Zickzackkurs im Team neigen und sich folglich den Teamaggressionen ausgesetzt sehen? Manchmal fordern sie einen Referenten an, der einen kurzen, theoretischen Input zur Teamkommunikation vortragen soll. Dessen

Worte sollen das Team ruhigstellen. Ein aussichtsloses Unterfangen. Etwas realistischer ist es, wenn Sie als »Konfliktmoderator« gebucht werden. Aber in Wirklichkeit braucht man Sie als Sprengmeister, der versteckte Tellerminen entschärft. Was tun?

- Sorgen Sie dafür, dass es keinen unkontrollierten Schlagabtausch zwischen Team und Leitung gibt. Deeskalieren ist angesagt. Lassen Sie sich von der zu spürenden Wut nicht anstecken. Moderieren Sie stattdessen lieber etwas »langweilig«.
- Schreiben Sie alle Statements auf ein Flipchart oder sammeln Sie diese mit einer Kartenabfrage. Machen Sie die unterschiedlichen Positionen sichtbar, ohne sie zu bewerten.
- Bestätigen Sie allen Teilnehmern, ohne irgendeine Schuldzuweisung, ihren subjektiven Leidensdruck: »Ich kann gut verstehen, dass für Sie alle die Arbeitssituation sehr belastend ist. Wir brauchen jetzt aber Zeit, um Lösungen zu finden!«
- Vermeiden Sie, dass die Zickzackkurs-Leitung eine Stellungnahme abgibt, an die sie sich dann doch nicht hält. Sprechen Sie die Problemstellungen in einer Einzelsitzung anhand der Teamwünsche mit ihr durch und entwickeln Sie Lösungsstrategien.
- Nach einigen Tagen, wenn sich die Stimmung etwas versachlicht hat, loten Sie mit Team und Leitung gemeinsam aus, ob es Kompromisse und Konfliktlösungen gibt.

SO KLÄREN SIE DIE ARBEITSBEZIEHUNGEN

Widersprüche lösen oft unendliche Verwirrungen aus. Die folgenden Tipps für einen Strategieplan sollen Ihnen helfen.

ANALYSE DES IST-ZUSTANDS: Lassen Sie es nicht mehr zu, dass die wertvollen Teamsitzungen mit dem Abladen von Frust und mit Psychologisieren vergeudet werden. Bringen Sie Ihr Team zu Handlungen. Erstellen Sie zum Beispiel im Team zwei Tabellen: eine mit Stärken und Schwächen des Chefs, eine mit denen des Teams. Sie erhalten dadurch zwei Leistungsprofile und erkennen Gemeinsamkeiten und Unterschiede des Teams.

CHEF		TEAM	
STÄRKEN	SCHWÄCHEN	STÄRKEN	SCHWÄCHEN
Xy	Xyxyx	Xyxyxy	Xy
Xyxy	Xyxyxy	Xyxy	Y
Y	Xyxy	Xyxyxy	

EIGENE GRENZEN ERKENNEN: Gehen Sie davon aus, dass Sie Ihren Chef nicht therapieren können. Selbst wenn Sie ausgebildeter Therapeut sind, sollten Sie Ihren Chef als Vorgesetzten und nicht als Patienten sehen. Sparen Sie Ihre Kräfte für die Teamprozesse.

GEWÜNSCHTEN ABSTAND FESTLEGEN: Überlegen Sie sich im Team, wie viel Nähe oder Distanz Sie sich zu Ihrem Vorgesetzten wünschen. Gestalten Sie vorläufig den Abstand lieber zu weit als zu eng.

SACHZWÄNGE AUSLOTEN: Leider muss man auch mit schwierigen Vorgesetzten zusammenarbeiten. Die Frage ist nur, wie intensiv? Suchen Sie Möglichkeiten, um den Kontakt auf ein Minimum zu beschränken. Vielleicht reicht gelegentliche Information.

ZIELE FESTLEGEN: Bereiten Sie im Team Verhandlungen mit dem Chef gründlich vor. Legen Sie Minimal- und Maximalziele fest. Dabei sind nicht nur Sachfragen, sondern auch Emotionen zu klären: Wie viel Beziehung und Nähe wollen Sie zu Ihrem Vorgesetzten zulassen – wie groß soll der Abstand zu ihm sein?

VERSUCHEN SIE SICH IN DIE LAGE IHRES CHEFS HINEINZUVERSETZEN: Dies bedeutet nicht, dass Sie seine Handlungen akzeptieren. Aber Sie haben viel gewonnen, wenn Sie seine Beweggründe erfassen können.

SUCHEN SIE FÜR IHR TEAM HILFE VON AUSSEN: Zum Beispiel können Sie sich Hilfe holen beim Personal- beziehungsweise Betriebsrat oder bei einer Supervision. Bei einem Außenstehenden haben Sie mehr Chancen, die Knoten zu lösen.

Folgende Schritte hingegen sind extrem riskant:
- Sie übergehen Ihren Chef und intervenieren gleich einige Hierarchiestufen höher bei den obersten Vorgesetzten. Hier müssen Sie damit rechnen, dass die Klagen des Teams nur als mutwillige Störung des Betriebsfriedens abgetan werden. Trotz gegenteiliger Bekundungen: Die Ruhe im Haus ist in manchen Organisationen wichtiger als berechtigte Kritik. Außerdem hat Ihr Chef in der Regel den besseren Zugang zur obersten Leitung und wird diesen ausgiebig nutzen, um seine Position in ein vorteilhaftes Licht zu stellen. Der Gang zur obersten Hierarchieebene hat nur dann eine Chance, wenn deren Reaktion relativ sicher abschätzbar ist.
- Das Team geht mit seinem Leid an die Öffentlichkeit und informiert andere Abteilungen, Lieferanten, Kunden oder gar die Presse, um Solidarität zu gewinnen. Mit höchster Wahrscheinlichkeit wird dieses Verhalten nicht als aufrichtig gemeinter Verbesserungsversuch, sondern als Loyalitätsbruch zum Unternehmen gewertet werden.

SO KLÄREN SIE ALS FÜHRUNGSKRAFT DIE ARBEITSBEZIEHUNGEN ZU IHREM TEAM

UNDERSTATEMENT STATT IDEALISIERUNGEN: Eine widersprüchliche Leitung-Team-Beziehung wächst langsam und produziert in ihrer Schlussphase viel Verwirrung und Lähmung. Sie beginnt in der Regel sehr erfolgversprechend mit (gern gehörten) Idealisierungen. Häufig sind diese naiv, aber gerade deshalb sind sie subjektiv oft ernst gemeint. Glorifizierungen sind für den Betriebsfrieden gefährlicher als kühle Starts mit einigen Vorbehalten, da sie die Erwartungen euphorisch aufblasen und die Bodenhaftung verloren geht. Vorsicht vor Starkult: Umso höher man die Leitung stellt, umso schneller kann der Absturz erfolgen. Spielen wir einen typischen Ablauf durch.

> **BEISPIEL: DER ABSTURZ VOM STARKULT**
>
> **PHASE 1: BEGEISTERUNG UND HOHE ERWARTUNGEN**
> Die neue Führungskraft kommt ins Team und wird zunächst sehr schmeichelhaft empfangen: »Wir haben schon viel Gutes über Sie gehört!«, »Wir sind sehr hoffnungsvoll, dass Sie als Profi uns total unterstützen werden!«, »Jetzt, wo Sie endlich da sind, wird alles besser. Ich bin total happy!«.
>
> **PHASE 2: ERSTE ZWEIFEL**
> »Welchen strategischen Ansatz vertreten Sie eigentlich – ist der auch wissenschaftlich fundiert?«, »In meiner früheren Firma wurde das immer ganz anders geregelt!«, »Dass Sie als Topfachmann so agieren, das hätten wir nicht erwartet!«.
>
> **PHASE 3: ZUERST MORALISIERUNGEN, DANN MASSIVE KRITIK UND ABWERTUNG**
> »So können Sie nicht reden. Das ist doch unprofessionell!«, »Ich bin entsetzt, wie wenig hinter Ihrer beeindruckenden Fassade steckt!«, »Was Sie hier sagen, das hätte uns ein Anfänger auch gesagt!«.

STRATEGIEN FÜR DIE FÜHRUNGSKRAFT: Die in der Gunst einzelner wichtiger Teammitglieder »abgestürzte« Führungskraft versteht – ähnlich wie nach einem jäh abgebrochenen Flirt – die Welt nicht mehr. Plötzlich hat sich alles verändert: freundschaftlich gemeinte, kumpelhafte Formulierungen werden von heute auf morgen als Beleidigung wahrgenommen. Die von der Leitung wie üblich formulierten Arbeitsziele werden als extreme Überforderung gebrandmarkt.

Nichts ist mehr so locker, wie es war. Da liegt es nahe, einzelnen Teammitgliedern vorsätzliches, destruktives Verhalten zu unterstellen und sie dafür hart zu bestrafen. Dadurch werden aber die Konflikte erst recht aufgeheizt. Die Gescholtenen sind sich keiner Schuld bewusst und sehen sich massiv verunglimpft. Sie hatten überhaupt keinen destruktiven Vorsatz, sondern sind einfach nur vom Chef enttäuscht. Sie sind Opfer der eigenen überzogenen Erwartungen geworden. Doch wie kann man dem Absturz aus der Idealisierung vorbeugen?

- **Understatement:** So schmeichelhaft Idealisierungen zu Beginn sind, sie können den hohen Preis der bald folgenden Abwertung kosten. Deshalb: Treten Sie dem süßen Gift der Idealisierungen schnell mit Understatement entgegen: »Ich freue mich darüber, dass Sie mich so positiv sehen. Aber vielleicht bin ich gar nicht so gut, wie Sie meinen«, oder »Ich bin hier neu, ich muss doch vieles von Ihnen lernen!«, »Ich glaube, wir haben nicht nur gute, sondern auch schwere Zeiten vor uns ...«.
- **Einschätzbar werden:** Nennen Sie Ihre Ziele und Ihre Prinzipien und bleiben Sie ihnen so weit wie möglich treu. Sie werden dadurch für Ihre Mitarbeiter verständlich.
- **Führungsdialog:** Auch das Team muss seinen Beitrag zu klaren Beziehungen leisten. Bitten Sie das Team die Erwartungen an Sie zu formulieren und arbeiten Sie bei den Ergebnissen (ohne Anklage) eventuelle Widersprüche heraus. Legen Sie Ihren Handlungsspielraum offen und teilen Sie dem Team wertschätzend, aber auch unmissverständlich mit, welche Wünsche Sie aufgreifen und welche Sie nicht erfüllen werden.
- **Pragmatismus:** Leiten Sie Ihren Führungsstil von den Aufgaben und Zielen Ihres Unternehmens ab. Im kalten Licht der Qualitätssicherung bleibt meist für Idealisierungen wenig Platz. Lieber sachlich-trocken die Ebenen meistern, als von den Bergen abstürzen.

Leitung – stellvertretende Leitung – Team

> **ANSATZPUNKT FÜR TEAMTRAINERINNEN UND -TRAINER:**
> **ALS KATALYSATOR EIGENE EMOTIONEN ZEIGEN**
>
> Bei Konflikten müssen Sie – wie eine Brücke – eine Verbindung zwischen den Ufern herstellen. Was aber, wenn Ihre Brückenpfeiler wegen den vielen Ambivalenzen bei Team und Leitung keinen festen Untergrund finden? Wenn Misstrauen und Kränkungen so lähmen, dass man gar nicht mehr an die Zukunftsaufgaben denken will? Dann sind als Katalysator die Emotionen des Teamtrainers gefragt, um wieder auf festen Grund zu kommen: »Es tut mir leid, dass Sie in der Vergangenheit Pech miteinander hatten. Ich kann den Ärger gut verstehen. Wahrscheinlich war er nicht so beabsichtigt, aber zugegeben, doof war es trotzdem. Es ist sehr schade, wenn Sie hier Ihre Lebensfreude verlieren! Was können wir tun, damit sie wiederkommt?«
>
> Man wird sich noch eine Weile sträuben – aber die vom Teamtrainer vorgelebten Emotionen könnten dazu führen, dass der gegenseitig erlebte Frust akzeptiert wird und man die Zukunftsplanung ins Auge fasst. Das Team hat dann eine Chance, wenn neu geschaffene Spielregeln eingehalten und nicht durch einen weiteren Zickzackkurs gestört werden.

LEITUNG – STELLVERTRETENDE LEITUNG – TEAM: STRATEGIEN FÜR KOMPLEXE DREIECKSBEZIEHUNGEN

»Rahmenhandlung Familie« im Team: Als Kind wurden wir in ein Urteam hineingeboren: die Familie. Natürlich hat sich die Familie in den letzten Jahrzehnten stark verändert. Von der Großfamilie mit Großeltern, Tanten und Onkeln ist sie auf ein Dreieck geschrumpft: Vater, Mutter und Kind/er. Etliche Kinder wachsen zudem ohne Kontakt zum leiblichen Vater auf. Häufig wird dieser später durch einen neuen Partner der Mutter ergänzt, sodass das Dreieck wieder komplettiert wird. Zunehmend gibt es alleinerziehende Väter. Das unbewusste Ideal, selbst wenn es in Wirklichkeit immer weniger vorkommt, ist trotzdem die Familie. Wenn ein Team eine Leitung und eine stellvertretende Leitung besitzt, dann drängt sich als Erwartungshorizont das Familienbild auf: Vater, Mutter und Kinder.

Führungskräfte schätzen – wegen ihrer Motivationskraft – häufig ebenfalls die Familie. Sie appellieren dann an die »Unternehmens-, Werks-, oder Betriebsfamilie«, die sie mit dem Bild des »gemeinsamen Bootes, in dem wir alle sitzen« zeichnen. Bei Neueinstellungen werden Kinder von Unternehmensangehörigen bevorzugt, selbst wenn diese in ihren schulischen Leistungen nicht top sein sollten. Was zählt, ist Loyalität zum Betrieb: zugunsten der »Betriebsfamilie« wird schon mal das Leistungsprinzip kurzfristig ausgehebelt. Auf Betriebsfeiern, seien es Jubiläen oder Weihnachtsfeiern, wird der gemeinsame Firmengeist beschworen. Outdoortrainings, bei denen sich ganze Abteilungen im Kampf mit der Natur bewähren und gegenseitig unterstützen, sollen die »Firmenfamilie« noch mehr zusammenschweißen. Vor allem ältere Mitarbeiter verstehen sich als Teil »ihrer« Firma, indem sie sich selbst mit dem Firmennamen bezeichnen, zum Beispiel »Siemensianer«. Outsourcing bedeutet dann für sie nicht nur den Verlust des angestammten Arbeitsplatzes, sondern – wesentlich dramatischer – Untergang der familiären Heimat. Jüngere Mitarbeiter hingegen bringen diese Loyalität für »ihre« Firma seltener auf, was häufig zu Spannungen innerhalb der Belegschaft führt.

Für viele Teams ist die »Rahmenhandlung Familie« so lebendig, dass unbemerkt Familienstrukturen auf das Arbeitsleben übertragen werden. Zeichen dafür sind zum Beispiel

- die etwas kindlichen Wünsche der Teammitglieder, dass die Leitung zu ihnen immer Vertrauen haben und immer hinter ihnen stehen solle,
- gelegentliche Besuche von Mitarbeitern während ihres Urlaubs, zu einem »Pläuschchen« am Arbeitsplatz,

- ausgiebige Geburtstagsfeiern in den Betriebsräumen außerhalb der Arbeitszeit,
- Polarisierung des Leitungsteams: Ein Teil wird als streng, formalistisch und emotionslos, der andere Teil als weich, emotional-aufmerksam und spontan wahrgenommen. Diese Aufteilung entspringt den klassischen Vater-Mutter-Rollen in der Familie.
- Häufigere Frontenbildung nach dem Muster zwei gegen eins:
  - Leitung und stellvertretende Leitung gegen das Team
  - stellvertretende Leitung und Team gegen die Leitung
  - Leitung und Team gegen die stellvertretende Leitung
- Diese Fronten entsprechen Familienstrukturen:
  - Vater und Mutter zusammen gegen die Kinder
  - Mutter und Kinder zusammen gegen den Vater
  - Vater und Kind zusammen gegen die Mutter

Gegen Familienstrukturen am Arbeitsplatz ist nichts einzuwenden. Gekonntes Emotionsmanagement sollte jedoch Familien- und Teamstrukturen kennen und berücksichtigen. Es folgen nun Beispiele für gute, mittelmäßige und schlechte Kooperation.

TYPISCHE DREIECKSBEZIEHUNGEN

HIER MACHT DIE ARBEIT ALLEN SPASS
Ein Team läuft gut, wenn
- die Arbeiten passend und gerecht aufgeteilt sind,
- die Leitung und die stellvertretende Leitung im Dialog eine mehr oder minder gleichberechtigte Beziehung miteinander vereinbart haben,
- gegenseitiges Interesse bei allen Teammitgliedern besteht,
- die Ziele der Firma/der Einrichtung akzeptiert werden.

DREIECKSBEZIEHUNG 1: GUTE KOOPERATION

Die Tätigkeitsfelder der Leitung und der stellvertretenden Leitung sind stark unterschiedlich. Vorteil: Dadurch wird eine große Spannweite von Teambedürfnissen abgedeckt. Häufig ist die Leitung mehr für die Struktur, die stellvertretende Leitung für die Gefühle der Mitarbeiter zuständig.

Leitung und stellvertretende Leitung haben eine gute Arbeitsteilung. Beide sind im Team voll integriert. Aber gerade hier liegt das Risiko: Leitungen dürfen sich nicht nur auf die Organisation ihres Bereichs beschränken, sondern sollten auch auf Veränderungen außerhalb des Teams reagieren. Das geht nur, wenn sie über den »Tellerrand« ihres Teams hinausschauen. Sonst verlieren sie Kunden oder den Anschluss an neue Entwicklungen. Wenn sie hingegen den Blickwinkel auf das Team verengen, laufen sie Gefahr, sich mit ihrem Team zu isolieren.

DREIECKSBEZIEHUNG 2: OPTIMALE KOOPERATION

Leitung und stellvertretende Leitung haben eine gut differenzierte Arbeitsteilung. Beide sind im Team verankert und haben trotzdem wichtige Außenkontakte. Gleichzeitig ist eine kleine Schnittmenge der Gemeinsamkeiten innerhalb der Leitungscrew vorhanden, sodass strategische Absprachen möglich sind. Dadurch kann sie aktuelle Trends rasch erkennen und zielorientiert darauf reagieren. Besser geht es nicht.

HIER LÄUFT DIE ARBEIT SO HALBWEGS
Ein Team läuft nur mittelmäßig, wenn ein oder mehrere Teammitglieder ausgenützt oder ausgebeutet werden. Das zeigt sich in der Regel an starken Abhängigkeitsverhältnissen.

DREIECKSBEZIEHUNG 3: SCHÄFER, SCHÄFERHUND UND SCHÄFCHEN

Der Schäfer (Leitung) schmaucht genussvoll sein Pfeifchen, während der Hund (stellvertretende Leitung) sich um die Herde (Team) abmüht. Der Hund fühlt sich wichtig, da ihm eine verantwortungsvolle Aufgabe zugewiesen wurde. Er rennt um die Herde, bellt den dicken Hammel zurück, der sich selbstständig machen will oder rettet das Lämmchen, das sich gerade von der Herde entfernt hat. Aber warum lässt sich der Schäferhund als williges Werkzeug gebrauchen? Er will beziehungsweise muss sich beweisen, dass er eine wichtige Führungskraft ist. Er braucht die Anerkennung und das Lob des erfahrenen Schäfers. Gelegentlich gibt es für ihn zusätzlich exklusive Leckerbissen, damit er die Loyalität zu seinem Herrn nicht verliert. Der Schäfer lebt gemütlich auf Kosten seines Hundes: je fleißiger der Hund, desto fauler der Herr. Fragt sich nur, wie lange der Schäferhund sich so billig abspeisen lässt?

Die Qualität der Zusammenarbeit hängt entscheidend von der Geschicklichkeit des Schäferhundes ab.
- Kann er einen vorausdenkenden Schäfer würdig vertreten oder macht er sich mit seinem »Gekläffe nur wichtig«?
- Findet er die Akzeptanz bei den Schäfchen?

DREIECKSBEZIEHUNG 4: ROSINENPICKER AUF KOSTEN DER LEITUNG

Praktisch ist dies die Umkehrung der Schäfer-Schäferhund-Beziehung. Hier wärmt sich der Hund (stellvertretende Leitung) in der Mitte der Herde (Team), während der Schäfer (Leiter) beständig nach dem Rechten sieht.

Die Leitung fühlt sich für die Arbeitsprozesse verantwortlich und überprüft an allen Ecken und Enden die Teamergebnisse. Damit stresst sie sich selbst und macht sich beim Team darüber hinaus unbeliebt. Um ihre Akzeptanz beim Team nicht völlig zu verlieren, gewährt sie ihrer stellvertretenden Leitung öfter Zugeständnisse, damit diese ihre Position beim Team mitvertritt.

Während die Leitung die trockenen Fakten des Unternehmens vertritt und die Qualität sichert, spielt die stellvertretende Leitung den weichen, emotionalen Part. Sie gewährt dem Team großzügige Gefälligkeiten und verdient sich dadurch viele Sympathien. Wenn die stellvertretende Leitung Teamwünsche nicht erfüllen kann oder will, dann schiebt sie dafür den »Schwarzen Peter« auf die Leitung und sagt zum Beispiel: »Ich hätte euch das gern genehmigt, aber leider will die Leitung das nicht …«. Die stellvertretende Leitung pickt sich die Rosinen aus dem Kuchen, während die Buhmann-Rolle bei der Leitung bleibt.

DREIECKSBEZIEHUNG 5: SYMBIOSE – EIN HERZ UND EINE SEELE

Nur auf den ersten Blick ist diese Arbeitsbeziehung ideal: Leitung und stellvertretende Leitung sind symbiotisch miteinander verbunden. Man arbeitet sehr eng zusammen, weil man sich mag oder weil man muss. Bei so vielen Gemeinsamkeiten dürfte es eigentlich keine Probleme geben – oder doch?

Nachteil 1: Wenn beide Leitungen immer das Gleiche denken und tun, werden Handlungsspielräume innerhalb des Teams verschenkt. Dann kommen nur noch wenige neue Ideen auf.

Nachteil 2: Das Team sieht sich einem starken Machtzentrum, dem symbiotischen Leitungsdoppel ausgeliefert, dem es sich unterordnen muss. Es fühlt sich schwach, da es (zu Recht oder zu Unrecht?) glaubt, nicht gehört zu werden. Einige Teammitglieder werden sich aus Angst dem Doppel (Leitung und stellvertretender Leitung) opportunistisch unterordnen, andere werden dagegen kämpfen. Aus Anpassung und Widerstand lässt sich aber keine kreative Teamzusammenarbeit aufbauen!

DREIECKSBEZIEHUNG 6: SCHRAUBE UND SCHRAUBENMUTTER

Eine Variante der Symbiose ist die Beziehung Schraube (Leitung) und Schraubenmutter (stellvertretende Leitung). Allerdings gibt es hier eine deutliche Hierarchie: Die Leitung bestimmt, die stellvertretende Leitung hat nach deren Vorgaben zu funktionieren. Hier definiert sich die Leitung als absoluten Teammittelpunkt (»Das Team bin ich«) und weist der stellvertretenden Leitung und dem Team nur Aufgaben um den eigenen Mittelpunkt zu. Die stellvertretende Leitung besitzt dann nur noch den Handlungsspielraum, sich an dem Schraubengewinde der Leitung nach oben oder nach unten zu drehen – selbst minimale seitliche Ausbrüche sind selbstverständlich ausgeschlossen. Die Schraubenleitung kann grundsätzlich Arbeiten nicht abgeben und lässt keinerlei Kursänderungen zu. Natürlich leiden Team und stellvertretende Leitung unter den engen Vorgaben. Wie lange dauert es, bis sie dagegen rebellieren oder – noch schlimmer – das selbstständige Denken einfach einstellen?

HIER WIRD DIE ARBEIT ZUM ALBTRAUM

Ein Team läuft schlecht, wenn die tägliche Arbeit durch massive Machtkämpfe blockiert wird und/oder aus reiner Verzweiflung die Zusammenarbeit eingestellt wird.

DREIECKSBEZIEHUNG 7: MACHTKAMPF ZWISCHEN LEITUNG UND STELLVERTRETENDER LEITUNG

Typische Dreiecksbeziehungen

Leitung und stellvertretende Leitung arbeiten gegeneinander. Das Team steht orientierungslos in der Mitte. Vielleicht hat sich die Leitung durch willkürliche Entscheidungen selbst ausgegrenzt. Vielleicht wurde sie aus dem Team gemobbt. Beide Ursachen sind denkbar. Die stellvertretende Leitung hat noch etwas Kontakt zum Team und versucht, dieses gegen die Leitung zu mobilisieren. Dabei geraten der konkrete Arbeitsauftrag und mögliche Handlungsspielräume völlig aus dem Blickfeld, denn hier sind alle mit sich selbst beschäftigt. Dass in dieser allgemeinen Verwirrung viele Fehler geschehen, ist wahrscheinlich.

DREIECKSBEZIEHUNG 8: PANZERKREUZER, U-BOOT UND FEINDLICHE SCHIFFE

An dieser Arbeitsstelle gibt es absolut kein Vertrauen mehr! Hier herrscht nur noch Krieg! Das Team hat sich zerteilt, die Leitung ausgegrenzt oder die Leitung hat sich selbst in das Abseits manövriert. Jetzt versucht die Leitung (Panzerkreuzer) Informationen über das Team zu gewinnen, indem sie die stellvertretende Leitung als U-Boot benutzt. Diese soll die Stimmung im Team erkunden, mögliche Kollaborateure orten und mit Geschenken (zum Beispiel Arbeitszeitvergünstigungen, großzügige Anrechnung von Überstunden und anderes) Teammitglieder zum Überlaufen zur Leitungsebene bewegen. In diesem Chaos stellen sich folgende Fragen:

- Warum lässt sich die stellvertretende Leitung als U-Boot missbrauchen?
  Antwort: Entweder ist sie von der Leitung abhängig (hofft zum Beispiel durch Anpassung den Arbeitsplatz zu sichern) oder möchte einfach, unter dem Schutz der Leitung, auch einmal etwas mit dem Feuer der Macht spielen.
- Wie viel Destruktivität hält ein Team aus?
  Antwort: Selbst wenn aus diesem Machtkampf einige Sieger hervorgehen sollten – letztlich wird die gesamte Arbeitsstelle verlieren. Denn Machtkämpfe kosten sehr viel Zeit und Kraft, da bleiben dann für die tägliche Arbeit nur noch wenige Energien übrig.
- Warum kämpft die Leitung so hart?
  Antwort: Rational ist das Verhalten der Leitung nicht zu erklären, denn mit ihrem Verhalten schwächt sie ihre eigenen Mitarbeiter. Vermutlich fühlt sie sich wegen ihrer Ausgrenzung vom Team gekränkt. Der Krieg gegen das Team wäre dann ihre persönliche Rache: »Denen werde ich es zeigen …« Kränkungen haben schon viele Kriege ausgelöst …

Typische Dreiecksbeziehungen

DREIECKSBEZIEHUNG 9: ZERBROCHENES TEAM, HILFLOSE LEITUNGEN

Hier sind alle zermürbt. Man arbeitet nur deshalb weiter, weil man keine bessere Arbeit findet und die Gehaltszahlungen braucht. Das Team ist in mehrere Grüppchen zerfallen, die sich gegenseitig nicht verstehen und vielleicht sogar bekämpfen. Um Reibungen zu vermeiden, geht man sich aus dem Weg und schaltet »auf Nordpol« um: nur noch absolut unvermeidbare Absprachen werden geführt, ansonsten herrscht am Arbeitsplatz klirrende Kälte. Leitung und stellvertretende Leitung verdrücken sich in ihre Büros oder entwickeln plötzlich starke Bedürfnisse für Außentermine. Die Arbeit muss gemacht werden, aber es ist niemand da, der sie plant und strukturiert. Das Team ist leitungslos, das Schiff fährt ziellos ohne Steuermann und Kapitän. Wenn ein Eisberg kommt, dann sind alle verloren.

Bei jeder Krise gibt es Nutznießer. Zwar sind die engagierten Mitarbeiter verzweifelt, die weniger Engagierten und Minimalisten jedoch nutzen die Spielräume. Da alle mit sich selbst beschäftigt sind, ist niemand mehr da, der ihre Arbeitsleistung kontrolliert.

DREIECKSBEZIEHUNG 10: STARKE TEAMMITGLIEDER, HILFLOSE LEITUNGEN

Hier versucht sich ein Team selbst zu retten. Den drohenden Untergang vor Augen, versuchen einige Teammitglieder das Ruder noch einmal herumzureißen. Ob es ihnen gelingt?

Bei diesem Team haben sich die Leitungen aus dem Staub gemacht, sich in unglücklichen Kämpfen erschöpft und suchen nur noch ihre Ruhe. Wenn sie nicht ohnehin wegen Krankheit abwesend sind, dann sitzen sie in ihren Büros vor ihrem PC – angeblich um Arbeitsabläufe zu optimieren. Die kritischen Mitarbeiter bezeichnen dieses Unterfangen als »Beschäftigungstherapie«.

Jetzt schlägt die Stunde der Starken im Team. Nachdem die Kapitäne die Kommandobrücke verlassen haben, übernehmen sie die Herrschaft. Im für das Team besten Fall organisieren sie ohne offiziellen Auftrag die tägliche Arbeit: Sie schaffen Strukturen und Zuständigkeiten, die allen nützen. Im schlechtesten Fall entwickeln sie sich zu »War-Lords«, die im Chaos der zusammengebrochenen Zentralgewalt im eigenen Interesse ihre Kämpfe führen. Verbündete beziehungsweise besser Söldner werden mit kleinen Versprechungen angeworben, um gegen den Rest des Teams vorgehen zu können. Die nächsten Konflikte sind vorprogrammiert, die Kampfrunden des Mobbings sind eingeläutet.

WIE KOMMT MAN VON DER TEAMKRISE ZUM NEUSTART?
In Deutschland haben sogenannte »runde Tische« nach krisenhaften Zusammenbrüchen eine gute Tradition. Hier kommen alle Beteiligten (beziehungsweise deren Vertreter) ohne Rücksicht auf Hierarchien zusammen, um gemeinsam zumindest ein Notprogramm für die nächsten Monate zu entwickeln.

Wenn Teams zusammenbrechen, wie in der Dreiecksbeziehung 9 und 10, dann hilft ebenfalls nur noch ein »runder Tisch«. Er hat (mindestens) zwei Themenfelder mit zum Beispiel folgenden Fragen zu bearbeiten.

ERSTENS: ARBEITSPROZESSMANAGEMENT.
Strukturen sind nun vonnöten, die helfen, die Arbeit zu schaffen. Es geht dabei um folgende Fragen:
- Wer ist bereit, sich zukünftig für das Team zu engagieren?
- Wer möchte das Team verlassen?
- Welche Tätigkeiten müssen in den nächsten Monaten unbedingt erfolgen?
- Wie hoch ist der zeitliche Aufwand für diese Arbeiten?
- Wer kann sie am besten erledigen?
- Welche Erwartungen hat das Team an die Leitung?
- Welche Kompetenzen und welche Verantwortung soll die Leitung übernehmen?
- Welche Erwartungen hat die Leitung an das Team?
- Welche Kompetenzen und welche Verantwortung soll das Team übernehmen?
- Gibt es einen kleinsten gemeinsamen Nenner, der die Erwartungen von Team und Leitung zusammenführt?

ZWEITENS: EMOTIONSMANAGEMENT. Auch die Gefühle müssen – zumindest notdürftig – versorgt werden.
- Während des Zusammenbruchs des Teams sind zahlreiche Kränkungen entstanden. Teammitglieder haben sich zum Beispiel gegenseitig beschimpft und abgewertet. Außerdem wurden mehrere Abmachungen ignoriert. Sind die Teammitglieder bereit, zugunsten eines Neuanfangs diese Kränkungen beiseitezustellen?
- Wahrscheinlich wurde die Teamkrise durch das Fehlverhalten mehrerer oder sogar aller Teammitglieder verursacht. Im Augenblick ist es aber überhaupt nicht sinnvoll, Schuldige zu suchen, da alle Teamkräfte für einen Neuanfang gebraucht werden. Sind alle Teammitglieder willens, die »Schuldfrage« zu ignorieren? Sind alle bereit, sich der Frage »Was muss geschehen, damit es unserem Team zukünftig besser geht?« zu stellen? Schaffen sie den Blick in die Zukunft, anstatt an der Vergangenheit festzuhalten?
- Im Augenblick der Krise nützt eine pragmatische Haltung: Man arbeitet für eine gemeinsame Sache – ob man sich sympathisch findet oder nicht, ist jetzt zweitrangig. Schaffen alle Mitglieder diese persönliche Distanz?

Das sind zugegebenermaßen schwierige Fragen, die zu beantworten sind. Machtkämpfe und zerbrechende Teams wirken bei den Betroffenen wie eine emotionale Bombe. Jedes Teammitglied erlebt sie anders. Folgender Kreislauf ist denkbar:
1. Die Unstimmigkeiten zwischen Team und Leitungen verunsichern.
2. Die Aggressionen im Team belasten, man möchte nur noch seine Ruhe haben.
3. Der Rückzug führt zu einer inneren Lähmung, die immer unerträglicher wird.
4. Deshalb entscheidet man sich schließlich, nur noch »für seine Sache« zu kämpfen.
5. Der Kampf wird anstrengend.

6. Man kooperiert mit Bündnispartnern, um die »eigene Sache« effektiver voranzutreiben.
7. Innerhalb der Bündnispartner kommt es zu Missverständnissen.
8. Diese weiten sich zu Unstimmigkeiten und Streit aus.
9. Man entscheidet sich, »seine Sache« allein oder mit weniger Partnern zu vertreten.
10. Der Kampf wird noch anstrengender.
11. Man fühlt sich total hilflos.
12. Man zieht sich wieder zurück, möchte seine Ruhe haben.
13. Fortsetzung: Gehe zu Punkt 3.

Schließlich wird aus reiner Verzweiflung die Kündigung eingereicht. Man ist zwar dann dem Schlachtfeld entkommen, bezahlt aber mit Karriereunterbrechung und finanziellen Nachteilen.

ZUSAMMENFASSUNG: LEITUNG UND TEAM

- Die Beförderung auf eine Leitungsstelle ist kein »Verdienstorden«, sondern eine harte Bewährungsprobe. Der Arbeitgeber fordert jetzt noch mehr Leistung ein.
- Nicht wenige Leitungen fühlen sich wie »Bandscheiben«, die zwischen den Wirbeln Team und Unternehmensleitung zerrieben werden.
- Leitungen besitzen mehr Macht als ihre Mitarbeiter. Aber nur mit Machteinsatz (Dienstanweisungen, Kündigungsdrohungen und Ähnliches) sind mit den Mitarbeitern keine guten Arbeitsergebnisse zu erzielen. Leitungen erreichen kreative Höchstleistungen, wenn sie geschickt mit Emotionen *und* Arbeitsanforderungen jonglieren.
- Leitungen können (und sollen) nicht alle Wünsche ihres Teams erfüllen. Aber sie können ihre Grenzen gegenüber dem Team darstellen.

- Jedes Team braucht von seiner Leitung Aufmerksamkeit, Unterstützung und Struktur. Das sind die Voraussetzungen für eine gute Arbeitsleistung.
- Viele Leitungen scheitern an einer unglücklichen Zusammenarbeit mit ihrer Stellvertretung (und umgekehrt). Bei der optimalen Kooperation sind die Aufgaben und Kompetenzen innerhalb des Dreiecks: Leitung, stellvertretende Leitung und Team gut verteilt.
- Wer die Emotionen seiner Mitarbeiter versteht, der findet für jede Aufgabe die geeignete Fachkraft.

Mobbing – der emotionale Super-GAU

WAS IST MOBBING? Wird jemand von Kollegen (horizontales Mobbing) oder von Vorgesetzten beziehungsweise Untergebenen (vertikales Mobbing) handfest schikaniert, dann spricht man von Mobbing. Mobbing ist nicht zu verwechseln mit Rivalität, wenn zum Beispiel zwei Mitarbeiter um eine zu besetzende Stelle konkurrieren und sich dabei zu profilieren suchen. Beim Mobbing kommen viele Faktoren zusammen: Arbeitsdruck, Arbeitsunzufriedenheit, persönliche Animositäten, unklare Arbeitsaufträge, Missverständnisse, Verzweiflung, Enttäuschung und Kränkungen. Widersprüchliche Arbeitsstrukturen und diffuse Gefühle stellen sich gegenseitig ein Bein – und schon stürzt ein Team unaufhaltsam in ein dunkles Loch, aus dem es ohne Hilfe von außen kaum mehr herausfindet. Daher wird Mobbing meist als »multifaktorielles Geschehen« beschrieben.

SCHEMATISCHES OPFER-TÄTER-DENKEN VERBAUT DEN NEUSTART! Wer vom Mobbing spricht, denkt häufig zugleich an die Gegensätze Opfer und Täter. Diese Folgerung ist naheliegend, da zumindest eine Person während der längerfristigen Auseinandersetzungen unter einem hohen psychischen Druck steht und oft auch unter körperlichen Belastungen leidet, die zu ernsthaften Erkrankungen oder gar zum Selbstmord führen können. Trotzdem sollte man das gesamte Mobbingdrama nicht nur vom Schlussakt her beurteilen.

Betrachtet man den kompletten Ablauf einer Auseinandersetzung, wird man bei allen Kontrahenten Opfer- und Täteranteile finden. Die Personen in einem zerstrittenen Team lassen sich selten in die Schubladen »leuchtend weiß« und »tiefschwarz« einsortieren. Wer unter Druck steht, hat sein eigenes Verhalten oft nicht mehr unter Kontrolle, fühlt sich in die Ecke gedrängt und dann schlägt das Opfer vielleicht blind zurück und wird selbst zum Täter. Da die eigene Aggressivität in diesen Fällen oft nicht gespürt wird, sind die daraufolgenden Reaktionen des Umfelds für die betreffende Person überraschend und unverständlich. Dabei ist es durchaus wahrscheinlich, dass das Mobbingopfer im Laufe der Auseinandersetzungen mit Provokationen einen eigenen Teil dazu beigetragen hat, dass es in diese Lage gekommen ist.

Zusätzlich gibt es von außen für ein Team zahlreiche Irritationen, die Mobbing fördern: beispielsweise diffuse Stellenbeschreibungen, zu umfangreiche Arbeitsaufträge, ungerechte Entlohnungssysteme. Der Abbau der Hierarchieebenen, Globalisierung und verstärkte Kundenorientierung haben die Arbeitsprozesse wesentlich beschleunigt und nötigen den Teams rasche eigenständige Problemlösungen auf, für die sie oft ungenügend gerüstet sind. Die daraus entstandenen Missverständnisse und Fehlplanungen führen zu Frustrationen, diese zur Suche nach Sündenböcken – der Weg für Mobbing ist frei, vielleicht weniger aus bösartigem Vorsatz, sondern eher aus reiner Verzweiflung. Schematisches Opfer-Täter-Denken ignoriert taktische Fehler, Ambivalenzen und Missverständnisse, die zum Mobbing führen. Das Schuldprinzip, das nach einer gescheiterten Arbeitsbeziehung Opfer und Täter festschreibt, ist deshalb meines Erachtens bei der Konfliktlösung wenig sinnvoll. Es lenkt den Blick in die falsche Richtung. Es verleitet dazu, dass in der Vergangenheit herumgestochert wird, um »Tatbestände« zu finden – die sich meistens ohnehin nicht mehr exakt klären lassen.

Wie bei einer Scheidung benötigt ein zerrüttetes Team unbedingt eine faire Trennung oder gute und ehrliche Vorsätze für einen Neuanfang. Anklagen und die Suche nach Schuldigen verbauen den Neustart und sind daher wenig hilfreich.

FEHLURTEILE FÜHREN ZU MOBBING UND GEGENSEITIGER AUSGRENZUNG: Mobbing fällt nicht vom Himmel. Es wächst langsam, manchmal sogar jahrelang. Wenn es sich richtig eingenistet hat, dann läuft al-

Mobbing – der emotionale Super-GAU

les schief: Die Teambeziehungen sind feindselig, die psychische Belastung ist hoch, wichtige Abstimmungsprozesse unterbleiben und wertvolle Arbeitszeit wird mit Querelen vergeudet.

> **BEISPIEL: »ICH HABE HALT WAS GEGEN SAUFEREIEN!«**
>
> Aufgrund eines Gefühls der Unsicherheit vermeidet Herr X seit seiner Neueinstellung in einer Bauschlosserei den Kontakt zu seinen Kollegen. Einerseits fühlt er sich von einer Clique älterer Kollegen kritisch beobachtet – ohne deren Absichten ergründen zu können. Andererseits flößt ihm das kumpelhafte, zuweilen derbe Auftreten einiger jüngerer Männer Unbehagen ein. Mit einem kühlen, korrekt-sachlichen Auftreten versucht er Distanz zu halten. Vorsichtshalber besucht er keine Feiern, die Kollegen bei Geburtstagen auf eigene Kosten ausrichten. Deshalb hat er keinen Einstand spendiert, obwohl er nach Freibier gefragt wurde. Ohne es zu merken, verstößt er mit seiner eigenen Ausgrenzung gegen die ungeschriebenen Teamregeln »Spaß und kumpelhafte Zusammengehörigkeit«.
> Die jungen Kollegen empfinden den Neuen arrogant (»Hält immer Distanz«), geizig (»Gibt nicht mal ein Bier zum Einstand aus«) und kleinkariert (»Denkt nur ans Arbeiten und will mit uns nicht feiern«). Die älteren Kollegen vermuten bei Herrn X zusätzlich Karrierewünsche (»Der möchte wohl unser Chef werden«). Das Betriebsklima verschlechtert sich für Herrn X zusätzlich, als er, auf seinen noch ausstehenden Einstand angesprochen, trocken antwortet: »Ich habe halt was gegen Saufereien.« Die Kollegen erleben diese unbedachte Bemerkung als persönlichen Angriff. In der Folge überschütten sie Herrn X mit Arbeit und versuchen, die Verantwortung für Fehler im Betriebsablauf auf ihn abzuwälzen.
> Herr X vermeidet eine direkte Aussprache und beschwert sich in seiner Not stattdessen gleich beim Vorgesetzten über die von den Kollegen verursachte Arbeitsüberlastung. Falls sich die Verhältnisse nicht bessern sollten, deutet er gegenüber dem Chef an, würde er kündigen.

Der Weg zum Mobbing ist mit vielen Missverständnissen gepflastert. Da in diesem Unternehmen zu wenig miteinander gesprochen wird, kommt es zu mehreren gegenseitigen Fehlurteilen:

VERHALTEN VON HERRN X	AUSWIRKUNG AUF DIE KOLLEGEN
Um seine Unsicherheit zu verbergen, versteckt er sich hinter einer sachlich-korrekten Maske.	Die Kollegen empfinden Herrn X als arrogant und feindselig.
Er meidet Betriebsfeste, da er sich dort unwohl fühlt.	Das Team schätzt ihn egoistisch ein mit wenig Interesse am Team.
Er gibt zum Einstand keinen aus.	Sie sehen ihn als geizig an.
VERHALTEN DER KOLLEGEN	**AUSWIRKUNG AUF HERRN X**
Kritisch, da sie in Herrn X einen Konkurrenten befürchten.	Herr X empfindet die Kollegen unberechenbar und tendenziell unangenehm.
Kumpelhaft.	Sie sind ihm zu direkt, zu derb und zu nah.

Bis hierhin sind die Missverständnisse noch klärbar, wenn es zu einer Aussprache kommt. Gegenseitige Fehleinschätzungen müssten aufgedeckt und neue Spielregeln für die zukünftige Zusammenarbeit gefunden werden. Dazu ist ein ehrlicher Dialog zwischen allen erforderlich. Letztlich geht es um zwei Fragen:
- **Wie viel Nähe und Distanz sind innerhalb des Teams erwünscht beziehungsweise zu ertragen?** Findet Herr X seinen Platz im Team bei etwas Nähe und viel Distanz? Kann das Team unterschiedliche Beziehungen zulassen? Akzeptiert das Team bei Herrn X nur eine gelegentliche Teilnahme bei Betriebsfesten? Ist Herr X zu persönlichen Gesprächen mit seinen Kollegen bereit? Kann er zu ihnen Brücken bauen, ohne sich zur Kumpelhaftigkeit zwingen zu müssen?

- **Wie bedrohlich ist Herr X?** Möchte Herr X wirklich Vorgesetzter des Teams werden? Steht Herr X auf der Seite des Teams oder der der Leitung?

Leider kommt es nicht dazu, weil Herr X zwei folgenschwere Fehler begeht, die das Arbeitsklima erheblich stören:

HERR X	DIE KOLLEGEN
Er bezeichnet Betriebsfeste als »Saufereien«.	Das empfinden die Kollegen als beleidigend.
Er beschwert sich wegen der Arbeitsüberlastung beim Chef.	So wird er als gefährlicher Täter eingeschätzt, der ihnen den Chef »auf den Hals hetzt«.

Wer sich bei der Leitung beschwert, geht ein unkalkulierbares Risiko ein, da Vorgesetzte bisweilen zu ihren eigenen Gunsten entscheiden. Sie handeln dann egoistisch nach dem Motto: Wenn zwei sich streiten, freut sich der Dritte. Die Beschwerde hat eine schriftliche Anweisung zur Folge, die die Arbeitsbedingungen für alle Mitarbeiter verschlechtert.

Die von Herrn X erhoffte persönliche Unterstützung unterbleibt. Die Kollegen sind jetzt erst recht auf ihren neuen Kollegen sauer – das Mobbing beginnt. Sie sehen ihn als teamfeindlichen »Petzer«, der für sein Verhalten bestraft werden muss. Herr X begeht in der Folge mehrere Arbeitsfehler, da er von den Kollegen vorsätzlich falsche Informationen bekommt. Trotzdem wird er dafür direkt verantwortlich gemacht. Er wird mit immer mehr Arbeit überhäuft und gerät zunehmend unter Druck. Als er sich einmal nur mit einer persönlich beleidigenden Äußerung gegenüber seinen unfairen Kollegen wehren kann, wird er rasch beim Vorgesetzten angeklagt und von diesem abgemahnt. Die zugrunde liegenden Ursachen der Beleidigung werden nicht analysiert. Kurz darauf kündigt Herr X, da er die Arbeitssituation nicht mehr erträgt.

Halten wir Herrn X zugute, dass er sich nur aus Selbstschutz beim Vorgesetzten über die Arbeitsüberlastung beschwert. Wahrscheinlich fühlt er sich in der Defensive und erhofft sich eine Verbesserung seiner Arbeitssituation. Er will die Kollegen vielleicht gar nicht anschwärzen. Trotzdem wird er durch beide Fehler zum Täter: als Beleidiger und als »Petzer«/Ankläger. Die Kollegen finden sich in der diskriminierenden Rolle der Säufer und Arbeitsverweigerer wieder. Sie sind jetzt *Opfer*. Sie sind verbittert: Ihre »Kumpelhaftigkeit« sei doch gut gemeint und eine Beschwerde beim Chef, ohne mit ihnen vorher darüber gesprochen zu haben, das sei unsozial. Herr X hat diesen Ärger wahrscheinlich nicht beabsichtigt. Für ihn ist alles »nur dumm gelaufen«. Seiner Täterrolle ist er sich jedenfalls nicht bewusst.

Das »gemeinsame Tischtuch« ist endgültig zerschnitten. Die Rache lässt nicht lange auf sich warten. Die Kollegen entwickeln hinterlistige Strategien, um den Peiniger in die Falle zu locken.

- Sie geben vorsätzlich falsche Informationen, um seine Arbeit zu torpedieren und um ihn ins Unrecht zu setzen.
- Sie nützen geschickt eine persönliche Beleidigung durch Herrn X für eine Abmahnung durch den Vorgesetzten.

Erst jetzt sind die Kollegen *Täter* geworden. Gemeinsam haben sie Herrn X zu Strecke gebracht. Sie haben sich nicht mehr kumpelhaft-solidarisch verhalten, sondern den ungeliebten Kollegen strategisch in das offene Messer laufen lassen. Sie rechtfertigen sich nun damit, dass sie mit den gleichen Mitteln wie Herr X zurückgeschlagen haben.

- Jetzt haben sie denjenigen ausgegrenzt, der sich vorher selbst ausgegrenzt hat.
- Sie haben denjenigen ebenfalls denunziert, der sie vorher denunziert hat.
- Sie haben demjenigen geschadet, der ihnen doch selbst schaden wollte.

Ihre Gemeinheiten verklären sie als notwendige und gerechtfertigte Notwehr. Selbstgefällig lehnen sie sich zurück und sind stolz auf ihre Leistung. Gemeinsame (Un-)Taten verbinden – ist das nicht ein Anlass für ein kleines Betriebsfest?

Herr X hingegen berichtet in seinem Bekanntenkreis, dass er schon bei der Arbeitsaufnahme misstrauisch beobachtet worden sei. Im Nachhinein gesehen hätte er in diesem »Mobberteam« ohnehin keine Chance gehabt, außer er hätte sich »total angebiedert«. Schade, dass der Chef sich aus Feigheit letztlich doch auf die Seite der »Mobber« geschlagen hätte. Die Kündigung sei deshalb unausweichlich.

Aus dem Konflikt hat niemand etwas gelernt. Weder werden begangene Fehler noch verpatzte Konfliktlösungschancen gesehen. Das eigentliche Opfer ist die Diskussionskultur, die in vielen Unternehmen zu kurz kommt. Wo liegen die Fehler?

FEHLER VON HERRN X	FEHLER DER KOLLEGEN
• Er vermeidet das offene Gespräch. • Er pflegt Distanz anstatt kollegial/freundschaftlicher Gesten. • Er entzieht sich der Gemeinschaft • Beleidigungen und Abwertungen bringen soziale Isolierung. • Er beschwert sich beim Chef. • Er droht mit Kündigung und bringt sich selbst in Zugzwang.	• Eine offene Gesprächskultur fehlt. • Revierkämpfe sind destruktiv. • Zu hohe Wünsche an Kumpelhaftigkeit überfordern den neuen Kollegen. Er möchte die angebotene Nähe nicht haben. • Anstatt dem Neuen eine Eingewöhnungszeit zu lassen, fordern sie gleich seine Eingliederung unter die ungeschriebenen Teamregeln. • Rache statt Reflexion ist keine Problemlösung.

WAS TUN BEI MOBBING?

»NIEMAND KÜMMERT SICH UM MICH« – SO BLEIBT MAN OPFER. Wer in eine Mobbingsituation verstrickt wird, der fühlt sich schwach und wird zunehmend dünnhäutig. Schon kleinere Unstimmigkeiten werden zu einer unerträglichen Belastung. Unruhe und Schlafstörungen erschweren die Suche nach einem Ausweg. Gefangen wie in einem Hamsterrad kreisen die Gedanken um die erlittenen Verletzungen und Kränkungen. Da wünscht man sich die gute Fee, die rettend eingreift, die Ungerechtigkeiten vehement zurückweist und die befürchtete Niederlage in einen Sieg verwandelt. Aber gerade in Mobbingsituationen ist man sehr allein. Da ist häufig niemand da, der sich um einen kümmert. Wohlmeinende Kollegen halten Distanz, da sie fürchten, in einen Abgrund mit hineingezogen zu werden. Selbst der eigene Lebenspartner ist jetzt keine zuverlässige Stütze. Zwar steht er meistens absolut voll hinter der leidenden Person, aber gerade wegen seiner Parteilichkeit kann er keine neuen Lösungsperspektiven einbringen. Er kann nur Anklagen wiederholen – und gerät damit selbst in das rotierende Hamsterrad.

Die Flucht in Selbstmitleid und Depression ist keine Lösung. Wer sich in einer Mobbingsituation als Opfer bezeichnet, verbessert nichts. Man erklärt sich selbst als schwach und hilflos, überlässt die Initiative den Gegnern und unterschreibt damit das eigene Urteil. Nur wenn die leidende Selbstfixierung überwunden wird, besteht eine Chance, das Betriebsklima zu verbessern. Wer hingegen in der Haltung verharrt »Ich bin und bleibe ein armes Schwein«, findet keinen Ansatz für eine neue Offensive.

Die rasche Flucht durch Kündigung erleichtert bestenfalls kurzfristig. Denn eine neue Kränkung folgt, wenn man sich bewusst wird, dass man wie ein geprügelter Hund aus seiner Firma geflohen ist. Ungelöste Konflikte haben lange Beine. Wenn die Kränkung noch in den Knochen steckt, können schlechte Erfahrungen dunkle Schatten auf die nächste Arbeitsstelle werfen. Eine problemlösende Kündigung braucht deshalb mindestens eine gründliche Aussprache, damit die »bösen Geister« zurückbleiben.

RETTUNG BEIM ARBEITSGERICHT? Der Gang zum Arbeitsgericht ist nur dann sinnvoll, wenn juristisch verwertbare Fakten vorliegen. Ein allgemein-feindseliges Arbeitsklima dürfte dem Arbeitsrichter für ein Urteil nicht ausreichen. Zudem ist zu beachten: Eine arbeitsgerichtliche Auseinandersetzung ist langwierig und verschlechtert das Arbeitsklima zusätzlich. Selbst wenn man einen Prozess gewinnt, dürfte am Ende die Kündigung stehen – allerdings dann vielleicht mit einer finanziellen Abfindung. In der Regel bringt verhandeln mehr als verklagen.

LAGE ALS GEMOBBTER VERBESSERN

Wer Mobbing beenden möchte, muss wie ein ausziehender Drachentöter drei Aufgaben bestehen, die wahrscheinlich sehr unangenehm sind. Das kostet viel persönliche Überwindung, um die gestellten Zumutungen zu meistern. Aber ohne diese Anstrengung kommt keiner aus der Opferrolle heraus!

ERSTE ZUMUTUNG: TEAMKOLLEGEN EINZELN BEFRAGEN. Natürlich möchte man mit mobbenden oder sich ständig heraushaltenden (feigen?) Kollegen möglichst wenig zu tun haben. Aber Distanz ist jetzt fehl am Platz. Es gilt, herausbekommen, wie die Kollegen denken. Diese Informationen sind wichtig, um das eigene Verhalten reflektieren und Lösungsstrategien entwickeln zu können. Auch wenn es schwerfällt: Einzelgespräche mit Kollegen sind notwendig, vor allem mit denjenigen, die einem kritisch gesonnen sind. Folgende Fragen sind sinnvoll:
- Wie wird die aktuelle Situation eingeschätzt?
- Worin liegen die Ursachen und Auslöser?
- Welche Lösungsperspektiven sind denkbar?

Natürlich wird der Gemobbte einige Erklärungen erfahren, die er für unrichtig hält. Dann ist es wichtig, sich nicht dazu verleiten zu lassen, sich mit Argumenten zu verteidigen. Die Fragen sollten so sachlich vorgebracht werden, wie sei ein Journalist stellt, der gerade eine Reportage vorbereitet. Nachfragen für die jeweiligen Sichtweisen helfen: »Welche Anhaltspunkte haben Sie dafür, dass Sie mich als Konfliktursache sehen?« Das zwingt das Gegenüber dazu, die eigene Haltung zu begründen. Das macht betroffen. Dann kann man sich freundlich für die Informationen bedanken und so Zeit zum Nachdenken gewinnen.

Wer kneift und ein Einzelgespräch verweigert, setzt sich selbst ins Unrecht, da er zur Konfliktlösung nicht beitragen möchte. Den Mobbern wird es deshalb schwerfallen, sich den Gesprächen zu entziehen. Dafür wird man das Verhalten des Gemobbten als mutig empfinden. Wenn schon keine Zustimmung, so ist wenigstens etwas Respekt sicher. Das ist der erste Schritt, um in die Offensive zu kommen!

ZWEITE ZUMUTUNG: TEAMKOLLEGEN VERSTEHEN: Wer möchte schon für seine Peiniger Empathie aufbringen, um diese auch noch zu verstehen? Hat man doch schon genügend Mühe, diese zu vergessen! Vielleicht fällt das Verständnis leichter, wenn man weiß, dass Verstehen nicht gleichzeitig das Akzeptieren beinhaltet! Verständnis bedeutet nur, dass man die handlungsleitenden Motive seines Gegenübers herausfindet.

Ziel ist es, die individuelle »Betriebsanleitung« einer Person zu studieren. Denn erst wer diese kennt, kann steuernd in Prozesse eingreifen. Folgende Fragen sind zu klären:
- Welchen Vorteil zieht die Person Y aus ihrem Verhalten?
- Wie sieht ihr Weltbild aus?
- Was könnte für sie zurzeit frustrierend sein?
- Welche Stellung hat sie im Team?

Diese Fragen beantworten sich größtenteils von selbst durch die geführten Einzelgespräche. Auch die »Checkliste zur Teamdiagnose« hilft dabei (s. S. 197).

Lage als Gemobbter verbessern

DRITTE ZUMUTUNG: SICH EIGENE FEHLER EINGESTEHEN. Da das bisherige Verhalten offensichtlich nicht zum Erfolg geführt hat, müssen neue Blickwinkel zur eigenen Lage gefunden werden, um neue Handlungsstrategien zu entwickeln. Durch die geführten Einzelgespräche liegen zahlreiche Einschätzungen über die Konfliktursachen vor. Nun gilt es eigene Anteile am Konfliktgeschehen zu analysieren. Dafür bieten sich drei Kategorien an:
- von den gegnerischen Kollegen zu verantworten
- durch die Arbeitsstruktur (Stress, widersprüchliche Arbeitsvorgaben) oder unglückliche Zufälle (Missverständnisse) bedingt
- selbst zu verantworten

Naturgemäß ist der dritte Punkt am schwersten zu bearbeiten. Deshalb sollten die erhobenen Vorwürfe in aller Ruhe geprüft werden. Dann kann man zurückweisen, was man nicht selbst zu verantworten hat. Aber eigene Fehler sollten auch akzeptiert werden.

Natürlich lassen sich die drei Zumutungen besser mit kompetenten Gesprächspartnern bestehen: beispielsweise Supervisor, Coach, Betriebsrat, Gewerkschaftsmitglied, Mobbingbeauftragte, wohlgesonnene Kollegen.

LÖSUNGSSTRATEGIE: ZIELE FORMULIEREN. Alle Achtung: Wer die drei Zumutungen bisher erfüllen konnte, ist wirklich »über den eigenen Schatten gesprungen« und hat sich in seinem Arbeitsleben eine neue Perspektive hart erarbeitet. Nun gilt es die Früchte einzusammeln. Als Erstes steht eine Aussprache mit den Kollegen oder mit dem Arbeitgeber an. Unwahrscheinlich, dass diese verweigert wird. Welche Ziele sollen nun erreicht werden? Welche Minimal- und welche Maximalziele? Von unten nach oben sortiert könnte die Liste etwa folgendermaßen aussehen:
- eigene Position zum aktuellen Konflikt noch einmal klar darlegen
- ehrenwerten Abgang erreichen
- gutes Arbeitszeugnis sichern

- als Kompromisslösung einen Teilauftrag (zum Beispiel freiberuflich) erhalten
- Weihnachtsgeld behalten
- finanzielle Abfindung bekommen
- Entschuldigung der mobbenden Kollegen erreichen
- Weiterarbeit unter besseren Bedingungen erreichen

Unwahrscheinlich, dass sich alle Ziele erfüllen, aber über einige erreichte Teilziele kann man sich auch freuen.

> **ZWÖLF TIPPS FÜR DIE AUSSPRACHE**
>
> Wenn Sie selbst betroffen sind, machen Sie sich klar, dass Sie das Ergebnis der Aussprache nicht bestimmen können. Aber Sie können Ihre Chancen steigern, wenn Sie sachlich und rational argumentieren:
>
> 1. Stellen Sie sich gefühlsmäßig auf die Auseinandersetzung ein. Schauen Sie sich zum Beispiel vorher den Raum an, in dem die Aussprache stattfinden wird. Versuchen Sie, sich die dann anwesenden Personen vorzustellen. Das macht Sie später im Konfliktgespräch sicherer.
> 2. Vergegenwärtigen Sie sich die Argumente, die Ihre Gegner wahrscheinlich vorbringen werden. Sie kennen bereits den Großteil der Aussagen aus den von Ihnen geführten Einzelgesprächen.
> 3. Überlegen Sie sich im Vorfeld, wie Sie die Argumente der Mobber entkräften können. Bereiten Sie Ihre Argumentation mit einem kompetenten Gesprächspartner gründlich vor.
> 4. Wenn Sie früher grobe Fehler gemacht haben (beispielsweise beleidigend geworden sind oder wichtige Aufgaben vergessen haben), hat es keinen Sinn Tatsachen abzustreiten, die ohnehin jeder kennt. Geben Sie dies von vornherein zu und entschuldi-

gen Sie sich (wieder eine Zumutung) – sie nehmen damit Ihren Gegnern den Wind aus den Segeln.
5. Weisen Sie auf die schwierigen Rahmenbedingungen und Arbeitsstrukturen hin, die Sie persönlich stark belastet haben und die für gemachte Fehler mitverantwortlich sind.
6. Nachdem Sie eigene Fehler zugegeben haben, sollten Sie sachlich das Fehlverhalten der Gegenseite deutlich darstellen. Wer von Ihnen Einsichtsfähigkeit fordert, sollte selbst dazu in der Lage sein.
7. Lassen Sie sich von den Mobbern während der Aussprache nicht provozieren! Machen Sie sich diese mögliche Falle von vornherein bewusst und zwingen Sie sich zu sachlich-distanzierten Aussagen. Sie bieten den Mobbern sonst eine neue Angriffsfläche!
8. Bieten Sie Lösungsvorschläge entsprechend der von Ihnen definierten Ziele an. Akzeptieren Sie gesichtswahrende Rückzieher der Mobber (»Ist doch ein Missverständnis«), wenn für die Zukunft Besserung gelobt wird. Vereinbaren Sie dann gleich neue Regeln für die weitere Zusammenarbeit.
9. Benutzen Sie das Flipchart oder Moderationskarten, um Ihre Position eindringlich zu visualisieren.
10. Bringen Sie eine schriftliche Vorlage mit einigen prägnanten Thesen in die Aussprache mit, die Sie bei Bedarf vorlegen können. Zeigen Sie darin Verbesserungsvorschläge auf. Lassen Sie den Text von einer Person Ihres Vertrauens vorher prüfen.
11. Nehmen Sie, falls möglich, als Unterstützung einen Fürsprecher in die Sitzung mit. In der Regel ist das ein Betriebs- oder Personalratsmitglied.
12. Gönnen Sie sich »etwas Schönes«, wenn Sie die Auseinandersetzung überstanden haben – selbst dann, wenn Sie nicht sehr erfolgreich waren. Ihr Einsatz ist auf alle Fälle eine Belohnung wert – der Rest ist Glückssache!

WAS KÖNNEN FÜHRUNGSKRÄFTE TUN?

Nehmen Sie sich für Gespräche Zeit. Versuchen Sie aber weder zu dramatisieren noch zu beschönigen. Unglückliche Kollegen haben Engagement und Wahrheit verdient. Helfen Sie Mobbingopfern oder denjenigen, die sich dafür halten, die Arbeitssituation zu erfassen und Ziele zu definieren: »Was muss passieren, damit es Ihnen besser geht? Was können Sie dafür tun?« Besorgen Sie einen außenstehenden Coach oder Supervisor zur Konfliktklärung.

Vermeiden sollten Sie als Vorgesetzter: Lassen Sie Ihre Mitarbeiter nicht in deren Konflikten kochen. Wenn Sie Auseinandersetzungen oder Mobbing wahrnehmen, sollten Sie schnellstmöglich einen gemeinsamen Gesprächstermin organisieren. Wenn Sie streitende Mitarbeiter auf einen Termin erst in einigen Monaten vertrösten, dann lähmen Sie bis zu diesem Zeitpunkt deren Arbeitskraft und schaden der Firma. Die verfeindeten Mitarbeiter gehen sich bis zur Aussprache aus dem Weg und feilen, jeder für sich, an ihrem Plädoyer. Dadurch verhärten sich die Fronten und eine gütliche Konfliktlösung wird immer unwahrscheinlicher.

ANSATZPUNKTE FÜR TEAMTRAINERINNEN UND -TRAINER: FÜR MOBBING SIND WIR NICHT ZU HABEN!

Gelegentlich wird Teamtraining oder Supervision geordert, um mit dessen Hilfe einen unbequemen Mitarbeiter aus dem Team zu kicken. Die Teamtrainerin soll dann eine Treibjagd organisieren, damit der »Störenfried« möglichst schnell frustriert aufgibt.

Als Teamtrainer ist es aber unsere Pflicht, sachlich-neutral eine Ursachenanalyse vorzunehmen und neue Lösungen anzudenken! Gut möglich, dass eine Mehrheit unser Verhalten dann als »wenig hilfreich« erlebt, weil wir »die Erwartungen nicht erfüllt« hätten. Wenn wir jetzt den Auftrag verlieren, sollten wir das als »Ehre« wahrnehmen. Charakter ist mehr wert als Geld.

Checkliste für die Teamdiagnose

Als Teammitglied merkt man meistens zunächst nur, dass am Arbeitsplatz »irgendetwas unrund« oder überhaupt nicht läuft. Das ist wie beim Auto, das nicht mehr richtig anspringen will. Man realisiert, dass es seinen Dienst verweigert, kennt aber noch nicht die Problemursache. Wer hier die richtige Diagnose verfehlt, bringt das Kraftfahrzeug nicht mehr zum Laufen. Ähnlich ist es beim Team. Der gute Wille allein reicht nicht, wenn die präzise Fehleranalyse fehlt. Dazu müssen mögliche Problemursachen sorgfältig abgeklopft werden:

- ☐ Mangelt es am Engagement oder sind die Ziele zu hochgesteckt?
- ☐ Sind Probleme hausgemacht oder sind sie strukturell von außen bedingt?
- ☐ Fehlt es an Solidarität und/oder sind die Aufgaben unklar?
- ☐ Stören »nur« Missverständnisse oder handelt es sich um massive Konkurrenzen?
- ☐ Werden bei Auseinandersetzungen die größten Konfliktpunkte angesprochen oder nur Nebenthemen bearbeitet?

Gehen Sie die Punkte durch, um mehr über Ihr Team zu erfahren:
- ☐ Sind die Arbeitsziele realistisch?
- ☐ Risikofaktor Statusunterschiede
- ☐ Fieberthermometer-Pinnwand
- ☐ Wie empfinden die Kollegen den Arbeitsalltag?

SIND DIE ARBEITSZIELE REALISTISCH?

Im Gegensatz zu den Emotionen am Arbeitsplatz gibt es über Ziele und Zeitmanagement umfangreiche Fachliteratur. Letztendlich gipfelt sie in der Einsicht, dass Ziele nicht allgemein gehalten, sondern schon vor Beginn der ersten Arbeitsschritte präzise, realistisch und mit terminierten Unterzielen festgelegt werden müssen. Außerdem sind Zuständigkeiten rechtzeitig zu delegieren. Bleiben Ziele hingegen unrealistisch, dann sind die zu erwartenden Misserfolge »Motivationskiller« für das Team. Der entstehende Frust führt dann zu ausufernden Auseinandersetzungen, die nicht selten in persönliche Konflikte münden.

WARUM WERDEN ZIELE HÄUFIG NICHT ERREICHT?

ERSTES HINDERNIS: PERFEKTIONISMUS – »HOCHZEITSTORTE STATT BUTTERKEKS«. Ein häufiges Hindernis auf der Zielgeraden ist der eigene Perfektionismus, der eine einfachere Lösung nicht zulässt. Die Zielverfehlung verläuft dann nach folgendem Muster: Der Kunde oder Klient wäre vielleicht schon mit einem Butterkeks zufrieden, während sich der Mitarbeiter abmüht, ihm eine Hochzeitstorte zu backen – die er aber zum angefragten Zeitpunkt nicht fertigstellen kann. Besonders fatal wird es dann, wenn aus Zeitmangel nicht einmal die Kekse in Reserve bestellt wurden und der Kunde hungrig nach Hause gehen muss. Weniger Leistung ist mehr wert als ein hochgestochenes Qualitätsprodukt, das nicht zur Verfügung steht.

ZWEITES HINDERNIS: ZIELE ZU HOCH – HANDLUNGSSPIELRAUM ZU NIEDRIG. Manchmal können Arbeitsziele nicht pünktlich erreicht werden, weil sie zu hoch angesetzt wurden. Sie haben nur in den Bereichen eine Chance, perfekt zu arbeiten, in denen ein breiter Handlungsspielraum zur Verfügung steht. Viele Außenfaktoren (zum Beispiel unerwartete Änderung der Kundenwünsche, Produktionsausfälle oder Probleme der Lieferanten) können nur bedingt gesteuert werden. Daher ist ein zeitliches Sicherheitspolster unverlässlich. Wer seinen Arbeitsauftrag in Minimal- und Maximalziele aufteilt, verkraftet eine Zielverfehlung besser, wenn er wenigstens auf erreichte Teilziele verweisen kann.

Sind die Arbeitsziele realistisch?

DRITTES HINDERNIS: ARBEITSMITTEL – »2CV-OLDTIMER STATT PORSCHE 911«. Um einen Arbeitsauftrag rechtzeitig zu erfüllen, können Sie gelegentlich selbst einen 2CV-Oldtimer mit Höchstgeschwindigkeit über die Autobahn jagen. Diese Höchstleistung dürfen Sie nicht auf Dauer erwarten, da sonst das Gefährt mit einem Getriebe- oder Motorschaden bald den Dienst versagt. Ähnlich verhält es sich mit körperlichen und psychischen Ressourcen. Kurzfristige Spitzenleistungen sind nur möglich, wenn anschließend wieder Erholungs- und Reflexionsphasen folgen. Ansonsten wird Raubbau mit den eigenen Kräften getrieben. Das schwächt die Chancen bei zukünftigen Zielen.

VIERTES HINDERNIS: PFLICHT ODER KÜR? Die Arbeit ist manchmal nicht zu schaffen – aber muss denn alles geschafft werden? Manche Mitarbeiter erledigen Arbeiten, die eigentlich niemand so richtig schätzt. Dahinter können achtbare Werthaltungen (»Für mich gehört zu einer guten Arbeit auch ...«) oder Hobbys stehen. Leistungen, für die es keine Käufer gibt, sind ein freiwilliges (und verzichtbares) Engagement. Als subjektive Entlohnung gibt es für den Mitarbeiter Spaß am Job.

Manchmal ist es hilfreich, das eigene Tätigkeitsfeld in Pflicht- und Kürbereiche zu unterscheiden. Die Pflicht muss erledigt werden, die Kür ist eine freiwillige Leistung, für die man niemand (außer sich selbst) verantwortlich machen kann.

FÜNFTES HINDERNIS: ARBEITSAUFTRAG UNERFÜLLBAR – ZIELKONFLIKTE. Bei einem Kinderspiel muss man mehrere kleine Kügelchen durch Bewegung in die vorgesehenen Mulden rollen. Es gelingt nur ganz selten, da immer wieder Kügelchen herausrollen. Eine ähnliche Sisyphusarbeit entsteht am Arbeitsplatz, wenn mehrere Ziele gleichzeitig erfüllt werden müssen.

> **BEISPIEL: ALLES ZUSAMMEN GEHT NICHT**
>
> Die Lehrwerkstätte eines metallverarbeitenden Betriebes hat gleichzeitig drei Ziele zu erfüllen:
> - Alle Auszubildenden sollen die Gesellenprüfung möglichst gut bestehen.
> - Die Werkstatt soll verkäufliche Produkte herstellen und eine fixierte Summe Gewinn erwirtschaften.
> - Einige lernschwache Jugendliche sollen mit aufgenommen werden, da der Betrieb dafür vom Jobcenter eine lukrative finanzielle Förderung erhält.

In diesem Fall sind die mit der Ausbildung betrauten Meister in der Zwickmühle, denn die lernschwachen Jugendlichen kommen unter normalen Umständen nicht zum Gesellenbrief. Welche Maßnahme sie auch ergreifen, mindestens ein Ziel bleibt vermutlich auf der Strecke:

- Einzelnachhilfestunden für schwache Auszubildende kosten viel Zeit. Darunter leiden Produktion und Verkaufserlöse.
- Wenn die Meister das Anspruchsniveau ihrer Ausbildung verringern, wird für die Prüfung zu wenig gelernt. Schlecht vorbereitete Auszubildende schaffen aber den Abschluss erst recht nicht. Außerdem unterfordern und frustrieren sie die leistungsstärkeren Auszubildende.
- Ignorieren die Meister die Defizite der betreffenden Jugendlichen, wird die Gesellenprüfung nicht bestanden. Das Jobcenter streicht eventuell die finanzielle Förderung.

Logisch, dass die Ausbilder mit ihrer Arbeit ständig unzufrieden sind. Die von der Geschäftsleitung eingeforderten drei Arbeitsziele können nicht gleichzeitig eingehalten werden. Bei einem Zielkonflikt hilft nur noch eine Prioritätenliste (Geld, Zeit oder Gesellenbrief?), die mit dem Arbeitgeber abgestimmt wird.

RISIKOFAKTOR STATUSUNTERSCHIEDE

Status- und Standesunterschiede waren und sind Auslöser für viele Kriege. Sie sind Risikofaktoren für Konflikte. Es gibt aber auch Beispiele dafür, dass verschiedene Menschen friedlich zusammenleben und sich gegenseitig fördern. Nicht viel anders ist es im Team, wenn unterschiedliche Menschen zusammenarbeiten: Unterschiede können befruchten oder Rivalitäten anheizen. Daher ist es wichtig, auf äußere und formale Unterschiede zu achten und zu analysieren, wie diese die Teamdynamik – im Guten wie im Schlechten – beeinflussen.

KLASSISCHE RISIKEN FÜR ÄRGER IM TEAM SIND

JUNGE UND ALTE MITARBEITER: Zwischen den Generationen gibt es häufig Konkurrenzen. Die »alten Hasen« sehen es meistens gern, wenn sich junge Mitarbeiter den bestehenden Arbeitsstrukturen größtenteils unterordnen. Dieses Verhalten empfinden sie als Bestätigung ihrer langjährigen Leistungen. Die neuen Mitarbeiter hingegen möchten vielleicht andere Wege ausprobieren und dabei eigene Erfahrungen sammeln. Selbst gut gemeinte Ratschläge können als bevormundend oder gar als Aggression: »Rat-Schläge« aufgenommen werden.

TEILZEIT- UND VOLLZEITKRÄFTE: Eigentlich ist es selbstverständlich, wer weniger arbeitet, bekommt entsprechend weniger Geld. Trotzdem fühlen sich viele Vollzeitkräfte im Stich gelassen, wenn »Teilzeitler« nach Hause gehen und sie allein zurücklassen. Wer sich angenehmere Arbeitszeiten finanziell nicht leisten kann, wird rasch neidisch. Erschwerend kommt hinzu, dass Teilzeitkräfte wegen ihrer Abwesenheiten Entwicklungsprozesse im Team nicht so gut nachvollziehen können. Wenn für Verständigung und Austausch zu wenig Zeit bleibt, dann sind zumindest Missverständnisse vorprogrammiert.

UNTERSCHIEDLICHE ENTLOHNUNGEN: Die Vielzahl der Ausbildungsabschlüsse führt zu differenzierten Entlohnungen. In der Industrie zum Beispiel bei Meistern, Fachhochschul- und Universitätsabsolventen. Unterschiedlich hoher Lohn für gleiche oder ähnliche Arbeit – das kann Neid und Ärger schaffen. Manche Mitarbeiter empfinden es als persönliche Kränkung, wenn auf ihrem Gehaltszettel nicht in etwa die gleiche Summe wie beim Kollegen steht. Um diese Konfliktquelle zu verstopfen, wird in vielen Firmen vertraglich eine Schweigepflicht über die Gehaltshöhe vereinbart, was nicht zulässig ist. Häufig wird zudem übersehen, dass Wertschätzung für die geleistete Arbeit sich nicht nur in Geld, sondern auch in guten Arbeitsbedingungen und einem positiven Feedback zeigen kann.

UNTERSCHIEDLICHE AUSBILDUNGEN UND BERUFSABSCHLÜSSE: Unabhängig von der Entlohnung entstehen manchmal zähe Konflikte, wenn die verschiedenen Berufsgruppen ihre Leistungen gegenseitig nicht schätzen. Der Jurist findet seinen Psychologen-Teamkollegen vielleicht emotional zu kompliziert, der Psychologe den Juristen dagegen zu formalistisch. Der Fachhochschulabsolvent ist stolz auf seine praxisbezogene Ausbildung, der Kollege mit Universitätsabschluss hofft dagegen (wohl vergebens) auf Anerkennung seiner theoretischen Leistungen. In Krankenhäusern werden viele Energien durch Rivalitäten zwischen Ärzten, Pflegepersonal und Verwaltungskräften gebunden.

ARBEITSMITTEL: Es müssen nicht gleich unterschiedliche Dienstwagen sein, an denen sich Rivalitäten entzünden. Manchmal reicht schon ein leistungsfähigerer PC oder ein größerer Bildschirm, um am Arbeitsplatz Neid und Missgunst anzufachen. Ein besonders umkämpftes Statussymbol ist das Büro: Wer hat das schönste oder größte?

Risikofaktor Statusunterschiede

URLAUBSPLANUNG: Die »Hackordnung« am Arbeitsplatz zeigt sich oft bei der Urlaubsplanung. Manche Zeiten sind besonders beliebt, wie zum Beispiel Schulferien oder sogenannte »Brückentage«. Manche Mitarbeiter schaffen es immer wieder, die beliebtesten Termine für sich zu sichern.

EHRENAMTLICHE UND HAUPTAMTLICHE: Viel Arbeit aber kein Geld, das ist die Situation vieler Ehrenamtlichen in Vereinen. Während Angestellte auf Gehaltserhöhung und strikte Einhaltung der Arbeitszeit pochen, gehen Vorstandsmitglieder leer aus. Wenn Ehrenamtliche nicht genügend Anerkennung erhalten, dann werden Mandate schnell im Zorn niedergelegt.

MITARBEITER IN PROBEZEIT UND BEFRISTETEN VERTRÄGEN, PRAKTIKANTEN UND FESTANGESTELLTE: Wenig kritikfreudig sind Mitarbeiter in der Probezeit oder mit einem befristeten Vertrag, wenn sie an der Übernahme in ein festes Arbeitsverhältnis interessiert sind. Sie halten sich vorsichtshalber so lange mit kritischen Äußerungen zurück, bis sie fest angestellt sind. Praktikanten haben es da besser. Sie dürfen meist offen Teamkritik äußern, ohne dass man ihnen das so schnell übelnimmt. Warum? Sie sind nur für kurze Zeit im Unternehmen und besitzen einen niedrigen Status. Deshalb werden sie von den Kollegen als weniger gefährlich eingeschätzt. Aber wehe, wenn die gleiche Kritik von einem fest angestellten Kollegen oder gar einem Vorgesetzten kommt! Dann liegen die Nerven blank und die Frustrationstoleranz kann rasch auf null zurückgehen. Die Bereitschaft, Probleme am Arbeitsplatz anzusprechen und anzuhören, hängt von der beruflichen Position ab.

VORGESETZTE UND UNTERGEBENE: Manche Teams finden sich so nett, dass sie interne Hierarchiestufen übersehen. Aber Vorsicht! Auch der sympathischste Chef muss unangenehme Entscheidungen treffen wie Arbeitszuständigkeiten und Urlaubsvertretungen. Ob dann die

Sympathie noch hält? Vielleicht ist es deshalb für beide Seiten besser, wenn Hierarchieunterschiede nicht verwischt werden. Man schützt sich dadurch vor Enttäuschungen.

WIE KÖNNEN SICH DIESE UNTERSCHIEDE IM TEAMALLTAG AUSWIRKEN? Jeder steht bisweilen unter Druck. Da liegt es nahe, dass man dafür einen Schuldigen sucht. Irgendwohin muss der »Schwarze Peter«, der einem unbemerkt in die Tasche gesteckt wurde, weitergereicht werden. Dann müssen beispielsweise die »unerfahrenen und undankbaren« jungen Mitarbeiter, die Teilzeitkräfte, die sich »immer heraushalten«, die angeblich mangelhaft ausgebildeten oder überbezahlten Kollegen herhalten. Aus strukturellen Unterschieden werden dann rasch persönliche Abwertungen und Rivalitäten, ohne dass das den Beteiligten bewusst ist. Sie finden sich in einem Gewirr von Arbeitsdruck, Neid, eigenen Ansprüchen und Kränkungen verstrickt, aus dem sie ohne Hilfe nicht mehr herausfinden.

FIEBERTHERMOMETER-PINNWAND

Jedes Team hat gute und schlechte Seiten. Und jede Teamsitzung ist immer wieder anders. Trotzdem gibt es einige Zeichen, die Informationen über den Seelenzustand der Kollegen oder Mitarbeiter liefern können. Diese Zeichen lassen sich als Fieberthermometer nutzen! Jedes von ihnen kann ein Mosaiksteinchen sein, das zusammen mit vielen anderen Steinchen die Teamdynamik abbildet. Und je besser eine Führungskraft ihr Team versteht, umso erfolgreicher kann sie handeln. Aber Vorsicht: Die zusammengefügten Mosaike sind nur kreative Hypothesen und keine absoluten Wahrheiten.

Fieberthermometer-Pinnwand

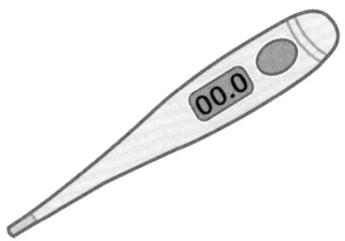

IST DAS TEAM KALT, WARM ODER HEISS? Manchmal genügt ein Blick auf die Pinnwand und man weiß, was ein Team beschäftigt. Da hängen neben Urlaubspostkarten, Terminhinweise und Sprüche, die individuelle Temperaturen offenlegen. Das sind wertvolle Informationen, die die Seelenlage und Werthaltungen eines Teams erkennen lassen. Ich habe bisher Folgendes gesammelt:

- »**Die Welt ist ein Irrenhaus, aber hier ist die Zentrale!**« – Das bedeutet: Dieses Team hat seinen Arbeitsauftrag und seine Ziele aus den Augen verloren. Viel Motivation kommt da nicht mehr auf. Diagnose: 35 Grad Celsius, stark unterkühlt.
- »**Man muss nicht verrückt sein, um hier zu arbeiten. Aber es hilft ungemein!**« – Das bedeutet: Hier ist viel Zynismus und Verzweiflung im Arbeitsalltag. Diagnose: ebenfalls 35 Grad Celsius, stark unterkühlt.
- »**Knapp daneben ist auch vorbei!**« – Das bedeutet: Dieses Team hat sehr beziehungsweise zu hohe Ansprüche. Nur das perfekte Ergebnis wird als Erfolg gewertet, alles andere wird vernachlässigt. Ob das lange gut geht? Diagnose: 40 Grad Celsius, hohes Fieber.
- »**Bitte nicht stören, Genie bei der Arbeit!**« oder »**Hier verkommt ein Genie!**« – Das bedeutet: Hier fühlt sich jemand in seinen Fähigkeiten nicht gewürdigt. Diagnose: 38 Grad Celsius, leicht verschnupft.
- »**Lieber Gott, schenke mir Geduld, aber schnell!**« – Das bedeutet: Hier ist jemand nicht nur gestresst, sondern findet außerdem den Arbeitsauftrag unsinnig. Hier pendelt jemand zwischen Hyperaktivität und Arbeitsverweigerung. Diagnose: Wechselfieber.

- »**So lange Ihr so tut, als würdet Ihr mich bezahlen, so lange tue ich so, als würde ich arbeiten.**« – Das bedeutet: Hier rächt sich jemand mit Arbeitsverweigerung wegen angeblich zu schlechter finanzieller Wertschätzung. Diagnose: 36 Grad Celsius, unterkühlt.
- »**Morgen nach der Teamsitzung gebe ich zu meinem Geburtstag Kaffee und Kuchen aus!**« – Das bedeutet: Hier wird gemeinsam gearbeitet und gemeinsam gefeiert. Diagnose: 37 Grad Celsius, Wohlbefinden.

WIE EMPFINDEN DIE KOLLEGEN DEN ARBEITSALLTAG?

In jeder Arbeitsstelle wimmelt es von kleinen Codes, die man nur zu knacken braucht, um Geheimnisse eines Teams zu lüften. Hier ist ein geschärfter Blick gefragt, wie er Schatzsuchern, Linguisten oder Archäologen zu eigen ist. Einige Themenfelder sind für die Untersuchung besonders vielversprechend.

WIE WIRD DER STRESS BESCHRIEBEN? Viele Mitarbeiter sind sich gar nicht bewusst darüber, wie stark der Arbeitsalltag ihr Denken und ihre Empfindungen prägt. Der Stress und die Unzufriedenheit, die in jeder Arbeitsstelle vorkommen, werden entsprechend dem Arbeitsumfeld empfunden und ausgedrückt. Folgende Äußerungen habe ich gesammelt:
- **Restaurantleiter:** »Unser Teamentwicklungsprozess ist nicht schlecht, aber mir fehlt das Sahnehäubchen.«
- **Bewährungshelfer:** »Die Arbeitsbedingungen stressen unheimlich, man müsste da ausbrechen.«
- **Sozialarbeiterin aus der Psychiatrie:** »Die Arbeit hier zieht mich völlig runter – ich bin wie gespalten.«
- **Ingenieur für Elektrotechnik:** »Wir stehen hier immer unter Strom.«

Mit was man sich regelmäßig beschäftigt, das prägt sich ein. Ohne darüber groß nachzudenken, benutzt man Begriffe aus der täglichen Arbeit, um die eigene Lage zu beschreiben. Vorteil: Jedes Teammitglied versteht sofort, was gemeint ist. Nachteil: Festgefügte Denkstrukturen können sinnvolle Veränderungen erschweren – vor allem dann, wenn sie unbewusst sind.

KAFFEETASSEN – DIE HOFNARREN DES TEAMS: Für eine Kurzanalyse bieten sich auch die Texte auf dem Kaffeegeschirr an. In vielen Teams sind Kaffeetassen »Hoheitsgüter«: Sie sind bestimmten Mitarbeitern zugeordnet und dürfen nur von diesen benutzt werden. Meistens wurden sie von Kollegen zum Geburtstag geschenkt und bleiben über Jahre hinweg voller Dankbarkeit im Gebrauch. Ironisch und zugleich treffend werden mit ihnen teaminterne Rollenzuweisungen öffentlich dokumentiert. Zum Beispiel: Ich bin der Chef, Papa, Unser Liebling, Gabi die Fürsorgliche, Moni die Perfekte, Tolle Biene, Kleines Arschloch, Mach' mal Pause, Brotzeit ist die schönste Zeit, Ich hasse Montage. Die beschrifteten Kaffeetassen sind die Hofnarren des Teams. Sie übertreiben und verzerren – und enthalten doch ein »Körnchen Wahrheit«. Nachfragen, warum jemand eine bestimmte Tasse hat, kann zu informativen Gesprächen führen.

WIE IST DIE STIMMUNG IN DEN ARBEITSPAUSEN? Manchmal kann man nur in den Arbeitspausen sein »wahres Ich« zeigen. Man fühlt sich privat und wird lockerer. Interessant zu beobachten, ob sich jetzt die Stimmung verändert. Kommt jetzt ein gut gelauntes Erfolgsgefühl auf oder entlädt sich Spannung in plumpen Anspielungen und Aggressionen? Geht es witzig, lustig, albern oder zynisch zu? Wie werden Kunden, Klienten, Schüler oder Patienten beschrieben? Werden Personen würdig behandelt oder flüchtet man sich in selbstgefällige Ironie? Vorsicht! Hinter einer souveränen Fassade steckt viel Frust, wenn andere pauschal als Quatschköpfe, Nervensägen und Kasperl abgewertet werden. Ein Burnout klopft dann schon an die Tür.

Problematisch sind auch folgende Beschreibungen der Zielgruppe: »Hier wäre es echt super, wenn wir keine Kunden/Klienten … hätten!« oder »Die könnte ich alle in der Pfeife rauchen!« oder »Mir kann keiner was, aber mich können alle!«

> ANSATZPUNKT FÜR TEAMTRAINERINNEN UND -TRAINER:
> UNTERSCHIEDLICHE SICHTWEISEN OFFENLEGEN
>
> Obwohl unterschiedliche Sichtweisen heftige Teamkonflikte auslösen können, macht man sich selten Gedanken über sie. Dann springt man von einem Ereignis zum nächsten, jeder versucht seiner Position Gehör zu verschaffen und alle drehen sich doch nur im Kreis. Irgendwann sind alle frustriert und erschöpft. Wie kommt das Team aus dem Hamsterrad? Legen Sie im Teamtraining die unterschiedlichen Perspektiven offen, damit sie vergleichbar werden. Erst dann sind Kompromisse möglich.
>
> **Beispiel:** Angenommen, das Team arbeitet mit schwierigen Menschen. Dann wählen Sie einen typischen Klienten als »Klassiker« (Herr X) aus und lassen dazu jeden Mitarbeiter einzeln schriftlich diese drei Fragen beantworten:
> - Woran merke ich, dass Herr X schwierig ist?
> - Aufgrund welcher Ursachen glaube ich, dass Herr X schwierig ist?
> - Wie können wir die Arbeit mit Herrn X verbessern?
>
> Im Plenum vergleichen Sie dann die einzelnen Einschätzungen zu den drei Fragen. Die unterschiedlichen Sichtweisen werden deutlich und eine gemeinsame Strategie für die Arbeit mit Herrn X kann auf dieser Basis leichter gefunden werden.
>
> Wenn nicht direkt mit Kunden oder Klienten, sondern mit Projekten gearbeitet wird, ist das Frageraster ähnlich:

- Woran habe ich zuerst gemerkt, dass unser Projekt stockt?
- Worin sehe ich die Ursachen für die Schwierigkeiten?
- Wie können wir jetzt weiter machen?

Ziel ist es, dass das Team aus dem Hamsterrad aussteigt, sich gegenseitig besser kennenlernt und wieder festen Boden unter die Füße bekommt.

STRATEGIEN FÜR FÜHRUNGSKRÄFTE:
WAS TUN BEI INNERBETRIEBLICHEN AUSEINANDERSETZUNGEN?

- Prüfen Sie, welche Zeitfresser sich in den letzten Jahren in die Arbeit eingeschlichen haben und welche Vereinfachungen es geben könnte, um das Team zu entlasten.
- Vertrauen Sie Ihren Intuitionen. Aber sie sind nur Momentaufnahmen. Sie müssen mit weiteren Bildern ergänzt werden.
- Machen Sie unbedingt eine Unterscheidung zwischen Nilpferden und Krokodilen!
- Überprüfen Sie, falls Sie das Opfer von Aggressionen werden, ob wirklich Sie gemeint sind. Vielleicht sind Sie nur die Projektionsfläche einer inneren Verzweiflung des »Angreifers«.
- Versuchen Sie, mit Einfühlungsvermögen die inneren Beweggründe Ihrer Mitmenschen zu entdecken. Zugegeben, das ist nicht einfach und bisweilen ziemlich anstrengend. Denn dazu müssen Sie kurzfristig aus Ihrer eigenen Betroffenheit heraus und die Verhältnisse durch die Brille Ihres Kollegen beziehungsweise Ihrer Kollegin betrachten.
- Machen Sie sich Ihre eigenen Empfindungen bewusst und überlegen Sie genau, welche Ziele Sie verfolgen möchten. Definieren Sie Minimal- und Maximalziele, um später im Rückblick den Erfolg Ihrer Strategie bewerten zu können.

- Greifen Sie lästige oder schwierige Menschen nicht an, denn sonst werden Sie zu deren Feind und diese arbeiten ihren individuellen Frust an Ihnen (auf Ihre Kosten) ab. Stellen Sie besser Fragen, warum sie zu ihren Haltungen gekommen sind.
- Auseinandersetzungen im Team sind sehr anstrengend. Sparen Sie Ihre Energien für die wichtigen Kraftproben auf und vergeuden Sie diese nicht an störrische Nilpferde!
- Vermeiden Sie unbedingt Wutausbrüche. Wirkliche Krokodile lassen sich mit Emotionsausbrüchen nicht abschütteln. Vor sich hindösende Nilpferde wachen auf und kommen dann erst richtig in Fahrt.
- Sprechen Sie (ohne anzuklagen) mit den Kollegen über Ihre Empfindungen. Vielleicht finden Sie Verständnis und sogar Kooperationspartner.
- Als Führungskraft können Sie Ihrem Team helfen, wenn Sie Krokodile abbremsen und Nilpferde etwas beruhigen. Erstere brauchen klare Grenzen, letztere etwas mehr Aufmerksamkeit.

Nachwort

WAS NIEMAND GERN HÖRT

Sie haben jetzt an Ihrem Arbeitsplatz die Emotionen und die Sachzwänge analysiert und mögliche Konfliktursachen in Ihrem Team entdeckt. Okay, das ist gut so. Aber vergessen Sie bitte nicht: Sie selbst sind auch ein Mitglied Ihres Teams und damit mit an den Erfolgen und Problemen beteiligt. Gut möglich, dass auch Sie einige Bremshebel bedienen, die Ihr Team blockieren. Vielleicht sind Sie sogar unabsichtlich daran beteiligt, wenn Kollegen in Rollen hineingetrieben werden und sich dann als Zyniker oder weißer Rabe wiederfinden. Nehmen Sie deshalb unangenehmes Feedback nicht auf die leichte Schulter, sondern analysieren Sie selbstkritisch, ob darin vielleicht nicht ein »Körnchen Wahrheit« enthalten sein könnte. Jeder ist ein wichtiges Teil des »Systems Team« und trägt deshalb an den Prozessen eine Mitverantwortung. Aber gerade deshalb, weil auch Sie, der Sie gerade dieses Buch in den Händen halten, zu Ihrem Team dazugehören, haben Sie die Chance und das gute Recht, die Prozesse zu verbessern. Ich wünsche Ihnen dazu viel Erfolg!

Den Kolleginnen und Kollegen, die Teamtrainings durchführen, habe ich hoffentlich wertvolle Impulse geben können. Auch hier wünsche ich viel Erfolg.

Feine Methodenauslese, beste Formate

Praxisnahes Kompendium mit vielen Tipps, Interventionen und Designideen

Das Mini-Handbuch liefert ein praxisnahes Kompendium neuer und bewährter Formate und Methoden zur Gestaltung und Entwicklung von Unternehmen und Organisationen. Es beinhaltet viele konkrete Umsetzungsideen für aktuelle Themenfelder wie: Innovationen, Führung und Agilität. Die vielen Tipps, Interventionen und Designideen werden durch kurze praxisnahe Reflexionen erläutert.

»Sehr tiefgründig gefasst, humorvoll formuliert und lesefreundlich gestaltet, mit Hervorhebungen und Umrahmungen, die eingestreuten...«
Joachim Weigelt, ekz, 14/2018

Das Buch zeigt erprobte Vorgehensweisen, die den Prinzipien einer kulturorientierten Organisationsentwicklung treu bleiben, sie aber weiter entwickeln und anpassen. Humorvoll und tiefsinnig liefert es Impulse, wie Menschen ihre Organisation lebendig gestalten können.

Aus dem Inhalt:
- Was sind Organisationen?
- Womit beschäftigt sich Organisationsentwicklung
- Führung und Selbstführung
- Kommunikation und Konflikt
- Digitale Kulturentwicklung
- Innovationen
- Ziele und Visionen – Taten statt Worte

Mirja Anderl, Uwe Reineck
Mini-Handbuch
Organisationsentwicklung
2018. 251 Seiten. Broschiert.
ISBN 978-3-407-36665-8
Auch als E-Book lieferbar:
ISBN 978-3-407-29576-7 (PDF)
ISBN 978-3-407-29577-4 (ePub)

www.beltz.de **BELTZ**